U0271159

网络空间安全前沿技术丛书

信息安全分析学
大数据视角下安全的内核、模式和异常

[美]

马克·瑞恩 M. 塔拉比斯（Mark Ryan M. Talabis）
罗伯特·麦弗逊（Robert McPherson）
伊内兹·宫本（I. Miyamoto）
杰森 L. 马丁（Jason L. Martin）

著

王晓鹤　沈卢斌　译

清华大学出版社
北京

北京市版权局著作权合同登记号　图字：01-2017-5199

Information Security Analytics：Finding Security Insights，Patterns，and Anomalies in Big Data
Mark Ryan M. Talabis，Robert McPherson，Inez Miyamoto，Jason L. Martin
ISBN：9780128002070
Copyright © 2015 Elsevier Inc. All rights reserved.
Authorized Chinese translation published by Tsinghua University Press Ltd

信息安全分析学：大数据视角下安全的内核、模式和异常（王晓鹤，沈卢斌　译）
ISBN：9787302509929

注意

本书涉及领域的知识和实践标准在不断变化。新的研究和经验拓展我们的理解，因此须对研究方法、专业实践或医疗方法作出调整。从业者和研究人员必须始终依靠自身经验和知识来评估和使用本书中提到的所有信息、方法、化合物或本书中描述的实验。在使用这些信息或方法时，他们应注意自身和他人的安全，包括注意他们负有专业责任的当事人的安全。在法律允许的最大范围内，爱思唯尔、译文的原文作者、原文编辑及原文内容提供者均不对因产品责任、疏忽或其他人身或财产伤害及/或损失承担责任，亦不对由于使用或操作文中提到的方法、产品、说明或思想而导致的人身或财产伤害及/或损失承担责任。

图书在版编目(CIP)数据

信息安全分析学：大数据视角下安全的内核、模式和异常/(美)马克·瑞恩 M. 塔拉比斯(Mark Ryan M. Talabis)等著；王晓鹤,沈卢斌译. —北京：清华大学出版社,2019
(网络空间安全前沿技术丛书)

书名原文：Information Security Analytics：Finding Security Insights，Patterns，and Anomalies in Big Data

ISBN 978-7-302-50992-9

Ⅰ. ①信…　Ⅱ. ①马…　②王…　③沈…　Ⅲ. ①信息安全—系统安全分析　Ⅳ. ①TP309

中国版本图书馆 CIP 数据核字(2018)第 191834 号

责任编辑：梁　颖
封面设计：常雪影
责任校对：时翠兰
责任印制：刘海龙

出版发行：清华大学出版社
网　　　址：http://www.tup.com.cn，http://www.wqbook.com
地　　　址：北京清华大学学研大厦 A 座　邮　　编：100084
社 总 机：010-62770175　邮　　购：010-62786544
投稿与读者服务：010-62776969，c-service@tup.tsinghua.edu.cn
质量反馈：010-62772015，zhiliang@tup.tsinghua.edu.cn
课件下载：http://www.tup.com.cn，010-62795954
印 刷 者：北京富博印刷有限公司
装 订 者：北京市密云县京文制本装订厂
经　　销：全国新华书店
开　　本：190mm×235mm　印　张：13　字　　数：170 千字
版　　次：2019 年 4 月第 1 版　印　　次：2019 年 4 月第 1 次印刷
定　　价：59.00 元

产品编号：073391-01

本书献给

致力于

商用SD-WAN智能广域网平台应用开发的

华斧网络科技（AXESDN）公司

所有网络专家

译者序

　　信息安全本身的内涵非常丰富,有史以来就是伴随着人类文明社会不断运行和发展的议题。智慧的古人早就将信息安全看作关乎社稷存亡的重大问题,《周易·系辞上》中就有这样的论述,"故君子凡节天下,不可不周密之,苟能周密慎重,不露其芒角,使小人不得间而窥,则可免其过咎矣。"而在古今中外的军事斗争史上,不可胜数的战役胜败都能在敌对双方信息安全得失的问题上找到些许凭据,对信息安全的轻视和不当处理,轻则密泄事败,重则城破国灭。先秦时代使用的虎符,古希腊时代使用的斯巴达密码棒,都是人类先祖们对信息安全的重视和采取防范措施的经典案例。在科技迅猛发展的今天,尤其当前人类社会自 20 世纪进入以计算机和网络为代表的大信息时代以来,数据信息安全不但成为互联网这个看不见硝烟的战场上的无形主角,更随着网络日益融入人类日常生活及社会活动的方方面面而拥有了巨大的影响力。黑客或犯罪集团渴望并坚持不懈地尝试掌控和拥有这种力量以获取巨大利益的行动,也无时无刻不成为飘在我们每个公民、企业组织乃至国家天空上的乌云。这是一场持久的、敌暗我明的攻防战争。而令我感到会心的是,本书开篇立意的宗旨,恰恰很好地诠释并贯彻了兵圣孙武早在两千五百多年前的战争巨著《孙子兵法》中就已经提出的"戒之于无形,防患于未然"的斗争战略:"无恃其不来,恃吾有以待之。无恃其不攻,恃吾有所不可攻也。"借助于计算机技术、统计学、可视化技术、仿真技术以及当下炙手可热的机器学习和大数据分析,网络信息犯罪的手法越来越隐蔽和先进,信息安全的防范手段也变得越来越多样和强大。然而万变不离其宗,抢先一步发现潜在性的破坏力量和风险,做到防患于未然并采取先发制人的措施将其消灭于褴褛之中,是本书的作者力图通过循序渐进的7 章内容向我们讲解和传达,并期望成为我们能够掌握和运用以之对抗网络犯罪的有力铁拳。

我们很高兴能够发现《信息安全分析学》这样一本针对网络信息安全领域具有如此实用性和可操作性,同时也不失一定广度和深度的技术书籍。更高兴能够在清华大学出版社的鼎力支持下将其翻译出版,而让广大的专业技术人员及研究者和我们一起分享和探究这本好书。如果你能从本书中学习和掌握些什么并将之付诸工作和学习的实战中取得胜果,这将是对我们翻译工作的最大褒扬和肯定。

由于译者水平所限,书中难免存在遗漏或有失准确之处,欢迎广大读者不吝指正。另外在本书的翻译过程中,我们得到了清华大学出版社电子信息事业部梁颖主任的大力帮助,在此我们表示由衷的感谢。

译　者

2018 年 6 月于上海

题　献

谨以此书献给 Joanne Robles，Gilbert Talabis，Hedy Talabis，Iquit Talabis 和 Herbert Talabis。

Ryan

我想将本书献给我的妻子 Sandy 和我的儿子们——Scott，Chris，Jon 和 Sean，没有他们的支持和鼓励我也不会参与这个项目。我也欠我的爱犬 Lucky 一个人情，它总是知道该在何时提醒我需要休息，那时它都会把鼻子放在我的手下面并将其从键盘上顶开。

Robert

谨以此书献给我的朋友、家人、导师，以及所有不知疲倦地致力于系统安全工作的安全专业技术人员。

I. Miyamoto

前　言

信息安全是一个具有挑战性的领域,伴随着众多未解决的难题以及如何解决这些难题的诸多争论。与诸如物理学、天文学以及类似科学的其他领域相比较,在发现信息安全问题严重影响我们生活的世界之前,我们没有机会能让信息安全领域屈服于那些谨慎的理论分析。互联网就是安全研究的试验场,而且为了保持适当的防卫以对抗在这个活跃的虚拟有机体上进行的攻击性研究,这会是一场持续的战斗。有大量关于信息安全卷入真实间谍情报技术的行业炒作,尤其是关于"分析论"和"大数据"的炒作,本书上架正是为了努力启发读者,当运用数据科学来加强安全研究时,能够获得什么样的真正价值。这本内容丰富的图书并不意味着能被普通读者迅速阅读和理解,相反,对于研究人员和从事安全领域工作的读者,本书恰恰值得他们钻研并运用于工作,力求以实用和先发制人的方式去运用数据科学来解决日益变得困难的信息安全问题。

Talabis,McPherson,Miyamoto 和 Martin 的工作在本书中完美融合并通过本书传递了如此迷人的知识,即向读者展示了分析论对影响全球企业和组织的各种问题的适用性。记得 2010 年当我仍在 Damballa 工作时,我所在的研究部一直在探索数据科学、机器学习、统计学、相关性和分析论等领域。那是一段激动人心的时期，R语言在当时越来越流行，暗示着信息安全的新篇章即将开始。它确实到来了，但是很多营销流行语也随之被创造，所以现在我们有"安全分析论""大数据"和"威胁情报"，当然"网络"对任何人都没有真正的意义，直到现在。

《信息安全分析学》是我读过的，而且直接可以将从书中学到的知识运用到团队工作中的少数几本技术书籍之一。本书还介绍了一些更加主动的见解，也就是通过致力于信息安全领域的纯粹研究方面来解决这些问题。这比我们目前依靠诸如 SIEM、威胁馈送和基本相关性及分析论等操作性的答案要好得多。我的工作涉及 Cyber Counterintelligence 与位列全球四大咨询公司之首的公司的研究工作，而且数据科学和纯安全性研究的价值正在被发掘和认可。但就本书而论，我丝毫不怀疑在这些章节中提供的知识将把我的团队和整个公司提升到另一个层面。就谈到这里吧，我非常荣幸能够说，好好享受这本书吧！

Lance James
Head of Cyber Intelligence
Deloitte & Touche LLP

致　谢

首先，我最要感谢我的合作者 Robert McPherson 和 I. Miyamoto 在本书写作之前、期间和之后的支持。我要感谢我的老板和朋友 Jason Martin，感谢他全部的指导和智慧。我还要感谢 Howard VandeVaarst 的全力支持和鼓励。最后，特别感谢 Zvelo 公司的所有同仁欢迎我加入他们的家庭。

Ryan

我想感谢 Ryan Talabis 在哈佛大学的比萨派对上邀请我参与这个项目。我也想感谢 I. Miyamoto 帮助我能保持在正确的写作轨道上并提供有价值的反馈。此外我发现 Pavan Kristipati 和 D. Kaye 的技术专长以及编辑建议对我非常有帮助，我非常感谢他们的支持。

Robert

我非常感谢 Ryan 和 Bob 的无条件支持以及提供给我参与这个项目的机会。特别应该感谢我们技术审核人员的超乎寻常的鼎力相助来改进我们的工作，还要特别感谢 Elsevier 团队给予的帮助支持和耐心。

I. Miyamoto

全体作者由衷感谢 James Ochmann 和 D. Kaye 帮助准备了手稿。

关于作者

Mark Ryan M. Talabis Zvelo Inc. 公司首席安全威胁科学家。此前曾任职 FireEye 公司云业务部门主管，也是 Secure DNA 公司的首席研究员和副总裁，并且是亚洲开发银行（ADB）的区域经济一体化（OREI）办公室的信息技术顾问。

他是《信息安全风险评估工具包：通过 Syngress 的数据收集和数据分析进行实用评估》一书的合著者。常出现在遍布世界的各种安全和学术会议以及组织中，包括 Blackhat、Defcon、Shakacon、INFORMS、INFRAGARD、ISSA 和 ISACA。在各种同行评审的期刊中有若干以他名字发表的论文，同时他也是 Honeynet 项目的校友会成员。

他拥有哈佛大学进修教育学院的文学硕士学位（ALM）以及 Ateneo de Manila 大学信息技术理学硕士学位。他持有多项认证，包括"信息系统安全专业人士认证（CISSP）""信息系统审计师认证（CISA）"以及"风险和信息系统控制（CRISC）认证"。

Robert McPherson 美国财富 100 强保险和金融服务公司的数据科学家团队的领导者。作为研究和分析团队的带领者，他拥有 14 年的领导经验，专门从事预测建模、仿真、计量经济分析和应用统计的工作。Robert 与一组研究人员合作，利用仿真和大数据方法对涉及价值数百万保险政策的灾难影响进行建模，模拟长达 10 万年的飓风、地震和大火，以及严冬和夏季风暴，被保险财产的价值超过 2 万亿美元。他利用预测建模和先进的统计方法来开发自动化异常值检测方法，构建自动化承保模型、执行产品和客户细分分析，并设计与竞争对手的对战游戏模拟。他拥有哈佛大学进修教育学院信息管理硕士学位。

I. Miyamoto 目前担任政府机构的计算机调查员，拥有超过 16 年的计算机调查和取证经验，以及 12 年的情报分析经验。正在进修系统工程博士学位，并拥有以下学位：软件工程学士学位、国家安全和战略研究硕士学位、战略情报硕士学位以及教育学博士学位。

Jason L. Martin 高级威胁检测技术领域的全球领导者 FireEye Inc. 公司的云业务副总裁。在加入 FireEye 公司之前曾担任 Secure DNA 公司（被 FireEye 收购）的总裁兼首席执行官，该公司为泛亚太和美国大陆的公司提供创新的安全产品和解决方案。客户包括财富 1000 强公司、全球政府机构、州和地方政府以及各种规模的私人机构。他在信息安全方面拥有超过 15 年的经验，是一位出版作家和演讲者，也是 Shakacon 安全大会的联合创始人。

目　录

第 1 章　分析学定义 ·· 1

安全分析学导论 ·· 2

分析学相关概念和技术 ·· 2

安全分析的数据 ·· 6

日常生活中的分析学 ·· 8

安全分析流程 ··· 14

延伸阅读 ··· 15

第 2 章　分析软件和工具入门 ································· 16

导言 ··· 17

统计编程 ··· 17

数据库和大数据技术入门 ······································ 19

R 语言简介 ·· 20

Python 简介 ··· 24

仿真软件简介 ··· 25

延伸阅读 ·· 27

第 3 章 分析学和应急响应 ··· 28

导言 ··· 29

入侵和应急响应识别中的场景和挑战 ···················· 30

日志文件分析 ··· 31

加载数据 ·· 33

其他潜在分析数据集：无栈状态编码 ························· 73

其他适用安全范畴和场景 ·· 78

综述 ··· 79

延伸阅读 ·· 79

第 4 章 仿真和安全进程 ·· 82

仿真 ··· 83

案例学习 ·· 85

第 5 章 访问分析 ··· 119

导言 ··· 120

技术入门 ·· 120

场景、分析和技术 ·· 125

案例学习 ·· 130

第 6 章 安全和文本挖掘 ··· 144

文本挖掘安全分析中的场景和挑战 ····························· 145

使用文本挖掘技术分析和查找非结构化数据中的模式 ·········· 146

R 语言中分步实现文本挖掘的示例 ···························· 147

其他适用的安全领域和场景 ·· 171

第 7 章　安全情报以及后续措施 ···························· 175

概述 ·· 176

安全情报 ·· 176

安全漏洞 ·· 179

实际应用 ·· 179

结束语 ·· 186

第1章

分析学定义

本章指南：

- 安全分析学导论
- 分析技术
- 数据和大数据
- 日常生活中的分析学
- 安全领域中的分析学
- 安全分析流程

▌安全分析学导论

分析学是一个非常宽泛的主题，它可以包括几乎任何能从数据中获得洞察力的手段。即使是通过简单查看数据而获得了对这些数据的深入了解，也可被看作是分析学的某种形式。然而本书中提及的分析学，通常指的是使用方法、工具或算法，而不仅仅是简单地查看数据。虽然分析人员应该总是将查看数据作为分析的第一步，但分析学通常所涉及的内容远多于此。可应用于数据的分析方法数量众多，包括各种类型的数据可视化工具、统计算法、查询工具、电子表格软件、专用软件等。正如你所见，分析方法的范围相当广泛，所以不可能在本书中涵盖其所有。

针对本书的目的，我们将着重介绍那些对于发现安全漏洞和攻击特别实用的分析方法，而且这些方法可以通过免费软件或常用软件来实现。由于攻击者总是不断制造出新的攻击和危害系统的方法，安全分析人员需要大量的工具以便创造性地解决这个问题。在众多可用的工具中，我们将研究分析编程语言，它可以帮助分析人员制作自定义分析程序和应用程序。本章节中的概念介绍了对安全分析有用的框架，连同分析方法和工具都将在本书的其余章节详细讲解。

▌分析学相关概念和技术

分析学整合了来自众多不同领域的概念和技术，例如统计学、计算机科学、可视化技术及研究工作。任何可以让你从数据中识别出模式和见解的概念或技术都可被认为是分析，因而这个领域相当广泛。本节包括一些对概念和技术的高层次描述，你将在本书后续章节中遇到这些概念和技术，我们也将结合安全方案对其提供更详尽的描述。

▶ 常规统计学

即使是简单的统计技术也有助于提供关于数据的见解。例如,极值、平均值、中值、标准偏差、四分位差和距离公式的统计技术对于探索、总结和可视化数据非常有用。尽管这些技术相对简单,对于探索性数据分析来说却是一个很好的起点。他们有助于揭示数据中有趣的趋势、异常值和模式。在确定感兴趣的领域后,你可以运用更高级的技术进一步探索这些数据。

我们编写这本书的前提是假设读者对于常规统计学已拥有可靠的理解力。在互联网上搜索"统计技术"或"统计学分析"你会得到非常多的资源来更新你的技能。在第4章中我们会使用到一部分常规统计技术。

▶ 机器学习

机器学习是人工智能的一个分支,它所处理的是使用各种算法从数据中学习。"学习"在这个概念中用来表示可以根据以前的数据进行预测或分类新数据。举例来说,在网络安全中机器学习被用于辅助分类合法电子邮件或垃圾邮件。在第3章和第6章中,我们将介绍监督学习以及无监督学习相关的技术。

▶ 监督学习

监督学习为你提供了一种使用机器语言对数据进行分类和处理的强大的工具。监督学习使用带标签的数据,通常指已经被分类的数据集,用于推测学习算法。这些数据集用作通过使用机器学习算法预测其他非标签数据分类的基础。在第5章中,我们将介绍监督学习中使用的两个重要的技术:

- 线性回归;
- 分类技术。

✓线性回归

线性回归作为监督学习的一种技术常被用于预测、预报及发现定量数据之间的相互关系。它是最早的学习技术之一，直到今天仍然被广泛使用。例如，可以使用这种技术来检验公司投入的广告预算与实际销售业绩间是否存在关系。你也可以用它来确定特定放射疗法与肿瘤大小之间是否存在线性关系。

✓分类技术

本节讨论的分类技术主要聚焦通过分析数据和识别模式来预测定性反应。比如，用这类技术以区分信用卡交易是否涉及诈骗。当前有许多不同的分类技术或分类器，其中被广泛使用的包括：

- 逻辑回归；
- 线性判别分析；
- K-NN（K-最近邻算法）；
- 决策树；
- 神经网络；
- SVM（支持向量机）。

▶ 无监督学习

无监督学习与监督学习相对，因训练集不存在而使用非标签数据。由于没有数据能被预先排序或预先分类，所以机器学习算法更加复杂且需要处理的时间也更长。在无监督学习中，机器学习算法通过发现数据中共同元素的结构来分类数据集。聚类（Clustering）和主成分分析（PCA）是两种主流的无监督学习技术。我们将在第6章中介绍聚类技术。

✓聚类

聚类或聚类分析是一种无监督学习技术，用于查找数据元素间未标记或未分类的共性。聚类的目的是发现数据集中不同的群组或"簇"。工具利用机器语言算法生成不同的组，一般来说在同一个类似组中的数据彼此间都有相似的特征。主流的一些聚类技术包括：

- k-means(k-均值聚类)；
- 层次聚类。

✓ 主成分分析

主成分分析是一种无监督学习技术，用于汇总一组变量并将其缩减为较小且具有代表性的一组变量，其称为"主成分"。此种类型分析的目标是识别数据中的模式并通过数据的相关性表示它们的相似或差异之处。

▶ 仿真

计算机仿真是在计算机中尝试模拟现实或假设情景，以便研究系统如何工作。仿真可被用于优化或研究各种场景的假设分析。有两类仿真：

- 系统动态仿真；
- 离散事件仿真。

本书第4章中我们将着重讨论离散事件仿真，它模拟了时间上离散事件序列的操作。

▶ 文本挖掘

文本挖掘的基础是各种源于统计学、机器学习和语言学的先进技术。文本挖掘利用跨学科的技术找出非结构化数据的模式和趋势，通常更多归于但又不局限于文本信息。文本挖掘的目标是能够处理大量文本数据以提取"高质量"信息，这将有助于深刻理解使用文本挖掘处理的特定场景。文本挖掘有着大量的应用，包括文本聚类、概念提取、情感分析和摘要。我们将在第6章中介绍文本挖掘技术。

▷▷ 知识工程

知识工程是将人类的知识和/或决策集成到计算机系统的学科。通常，它被用来重建技能和决策过程以促进计算机系统解决那些原本只能通过人类专业知识才能够解决的复杂问题。知识工程被广泛地应用在专家系统、人工智能和决策支持系统。我们将在第3章中接触知识工程技术。

■ 安全分析的数据

执行安全分析过程中，大部分的挑战来自分析必须处理的不规则数据。对于计算机系统或网络生成的数据没有单一标准的数据格式或数据定义集。例如，每个服务器软件包都会生成自己的日志文件格式。此外日志文件格式通常也可以由用户自定义，这些都增加了建立标准数据分析软件工具的难度。

另一个使分析进一步复杂化的因素是日志文件和其他的源数据经常以纯文本格式创建，而没有被组织成表格或数列。这使得将数据直接导入诸如微软 Excel 等常用分析工具变得困难甚至不可能。

此外，日益增长的安全相关数据变得如此庞大以至于无法再用标准的工具或方法进行分析。大型组织机构可能拥有多个大数据中心，这些中心里的服务器也随着蔓延的网络一直聚集而不断增长。所有这些都会产生数量巨大的日志文件，进而将我们带进了大数据的领域。

▷▷ 大数据

多年来企业加大了它们的数据采集量。当下它们所面临的情形是维护庞大的数据存储库已变成了商业模式的一部分，这种模式也正是流行词"大数据"的出处。

在一些行业中，政府监管的增加导致了企业采集更多的数据，与此同时在另一些行业中商业实践的转移(线上环境或是新技术的应用)都使得企业加速并存储更多的数据。然而企业收集到的大部分数据是非结构化的且存在多种不同的格式,因此很难将这些数据转化为决策过程中需要的商业情报。当数据分析涉及图片时所有这一切都改变了。

数据分析的首选用途之一就是将客户的点击转化为商业情报,从而为客户定制广告和产品。在这个例子中,数据分析集成了传统数据采集、行为分析(客户浏览了什么)和预测分析(产品建议或网址建议来尝试影响客户),使企业可以增加销售以及提供更好的线上体验。早些时候,金融部门也通过仔细检查客户的消费模式以及基于异常和其他算法的欺诈交易预测,使用数据分析检测信用卡欺诈。

隐藏在大数据"炒作"背后的驱动力是企业需要情报以便做出商业决定。创新技术不是大数据产业成长的主要原因——实际上许多用于数据分析的技术,如并行分布式处理、分析软件和工具早已可用。商业实践中的变革(比如向云技术演变)以及来自其他领域的技术的应用(工程学、不确定性分析、行为科学等)正是驱动数据分析成长的力量。这个新兴的领域诞生了新的行业与专家(数据科学家),他们能够检查和配置不同类型的数据,并将其转化为可用的商业情报。

许多相同的分析方法可以应用于安全。可以用这些方法来发现由服务器及网络生成的数据间的关系,以揭示非法入侵、拒绝服务攻击、安装恶意软件企图,甚至欺诈活动。

安全分析可以涵盖从查询或可视化数据的简单观察,到应用复杂的人工智能程序。它可以包含小样本数据上简单电子表格的使用,应用大数据、使用并行计算技术存储、处理和分析 TB 甚至 PB 级别大小的数据。

在接下来的章节中,我们希望向读者讲解安全分析的基础,以便读者进一步探索其他应用程序,将包括从简单到复杂的方法,以满足各类分析人员和组织机构大大小小不同的需求。

一些分析可能只涉及相对较小的数据集,比如在某些实例中服务器通信流量低,并且仅生成单个日志文件。然而当涉及多个服务器时,数据量连同分析所需的计算性能一起，会迅速增加。

▷▷ 大数据分析技术

使用 Hadoop 和 MapReduce 这两种技术协同在一起以并行计算的方式执行分析。这两个都是免费的开源软件，由 Apache 基金会维护（"*Welcome to The Apache Software Foundation*！"，2013）。

Hadoop 是一种分布式文件系统，可以将大数据集分割并存储在许多不同的计算机上。Hadoop 软件管理各种活动，例如在后台运行将众多文件连接在一起以及维护容错。MapReduce 是一种运行在 Hadoop 分布式文件系统（HDFS）之上的技术，负责"大型"数据处理和数据聚合。

Hadoop 和 MapReduce 极大地降低了大数据处理和分析的成本。当前用户通过开源软件和现成的硬件组件只需花费小部分成本，就可以拥有媲美传统数据仓库的强大功能。我们将在第 3 章中使用由 Cloudera 提供的基于 Hadoop 和 MapReduce 的一种实现。这些技术也可用于云计算环境，例如 Amazon Web Services 提供的 Elastic MapReduce 服务（"*Amazon Web Services*，*Cloud Computing*：*Compute*，*Storage*，*Database*，2013"）。云计算解决方案提供了灵活性、可扩展性以及按支付能力付费的特性。虽然大数据的领域相当广泛且持续扩大，考虑到 Hadoop 和 MapReduce 技术的普遍性和实用性，我们将只聚焦在这两种技术上。

▌日常生活中的分析学

▷▷ 安全领域中的分析学

分析学的使用在我们当今世界中相当普遍。从银行业到零售业，它以另一种形式存在。但对于安全领域呢？以下一些示例展示了在其他领域中使用的分析技术如何同样应用在信息安全领域。

分析、应急响应和入侵检测

应急响应是成功的安全程序的核心领域之一。良好的应急响应能力可以让组织机构控制事故的发生、消除事件的影响，并恢复受事故影响的信息资源。

但是为了有效地消除安全事故并从中恢复，事件响应者需要能够识别发生事故的根本原因。例如，设想你所在组织机构的企业网站受到黑客入侵。虽然可以简单地使用备份来恢复网站，但由于不了解事故的根本原因，你既不知道导致黑客入侵的漏洞，也不知道该如何修复网站以阻止黑客的再次入侵。你也可能无法掌握损害造成的整体范围，或者哪些信息可能已被窃取。

事件响应者如何知道要修复什么？首先，响应者必须能够跟踪入侵者的活动。这些可以在各种数据源中找到，例如日志、警报、流量抓包和攻击者的工具。在多数情况下响应者通常从日志开始，因为它们可以帮助找到能够追溯到入侵者的活动。通过跟踪入侵者的活动，事件响应者能够描绘出攻击活动的历史纪录，从而检测和识别入侵活动可能的"入口点"。

这些日志是什么？我们又如何获得？这实际上取决于响应的入侵类型。例如在网站入侵中事件响应者通常会查看网站服务器日志。但请记住情况并非总是如此，一些攻击向量在完全不同的数据源中显现，这就是为什么查看不同数据源是十分重要的。

到目前为止，安全分析与事件响应和入侵检测有何联系？分析技术可以帮助我们解决事件响应和入侵检测的挑战。接下来我们将讨论如何使分析适用于安全领域。

大量和多样的数据

事件响应的主要挑战之一是必须审查的数据量，有时即使是审查某个繁忙站点服务器一天的日志量都可能是一个大挑战。如果响应者必须审查跨越若干年的日志量又会怎样呢？除此之外，又假如响应者不得不审查同一时间周期内多个不同服务器产生的日志呢？事件响应者必须筛选的潜在数据量有可能是高达数百万行的日志信息！

而此处就是分析技术和大数据技术可以发挥作用的地方。事件响应者利用大数据技术能够将许多带有不同结构的数据源结合在一起。一旦完成就可以利用一些分析技术，如模糊检索、异常值检测和时间聚合等，"打碎"数据并将其转换成一些更易于管理的数据集，如此一来响应者对数据的调查就可以聚焦于那些规模更小且更相关的数据子集了。

除了日志，分析技术中的文本分析也可以用于从非结构化数据源中挖掘信息。例如，可以用这些技术从自由形态的文本数据中（如服务中心通话）分析安全事件。这种类型的分析有可能提供对组织机构的深刻认识，比如什么是普通的安全问题，甚至能够帮助你发现安全问题或以前未知的事件。

使用签名或模式是相当常见的调查或检测入侵的方法。这意味着对于每次攻击，事件响应者都将尝试通过查找匹配的攻击模式来找出攻击点。例如对于 SQL 注入攻击，事件响应者可以在日志中查找 SQL 语句。基本上响应者已经知道他正在寻找什么或这是"已知的未知事件"。这种方法通常有效，但它不包括那些**"未知的未知事件"**。

"未知的未知事件"是事件响应者从未了解过的攻击。这可能是零日漏洞攻击，也可能是事件响应者或响应者正使用的调查工具所不熟悉或不能处理的事件。通常基于签名的方法对于检测此种类型的攻击显得较弱。查找"未知的未知事件"更多出现在异常检测领域。例如，对于可能探测到攻击事件的分析技术，一个很好的案例就是通过利用聚类分析来发现流量中的异常峰值或异常值，不然这类事件就被其他传统方法所忽略了。这种方法也有助于将调查聚焦于相关数据区域，特别是当有大量数据需要筛选的时候。

▶▶ 仿真和安全程序

信息安全专业人员做出的许多决策会影响到组织机构信息系统和资源

的安全性。这些决策通常基于安全专业人员的专业知识和经验。然而当安全专业人员可能缺乏某些特定领域的专业知识或经验时，他们也难以做出决策。虽然可能有一些现成的研究学习成果，但通常不适用于这些组织机构的内外环境和实际状况。

在这种情形下，一种替代方法是使用仿真。如前一节所述，仿真是现实生活或假设场景的计算机模型。仿真用于研究系统的工作原理。想一下军队如何创建轰炸空袭的仿真：仿真帮助空军决定应该使用多少飞机，估计潜在损失，以及如何在不同的方案或条件下实施空袭。在信息安全中能够以相同的方式实现仿真。它可能不像应用于军事领域那样令人激动，但却是一个研究信息安全方案的强大工具，能够帮助安全专业人员做出明智的决策。

▶ 先试再做

在安全领域探索仿真可能性的最好方法是通过实例。例如安全分析人员希望了解病毒或恶意软件在组织机构中传播的影响，那么安全分析人员应该如何去做？显然最简单和准确的方法是让真实的恶意软件去感染网络！但理所当然，我们不可能这样做。而这里正是仿真的切入点。通过创造性的计算机建模，可以创建一个真实的恶意软件如何在所在组织机构的信息系统中传播的近似模拟。

同样的概念也可以应用于其他场景。你可以对黑客的攻击行为进行建模，并将其与漏洞结果相结合以揭示攻击对网络的潜在影响。这有点类似于创建虚拟的模拟渗透测试。

▶ 基于仿真的决策

除了研究场景之外，仿真也可以基于模拟场景来辅助做决策。例如，为了防止数据丢失，你可能想要获取诸如数据丢失防护和全磁盘加密之类的技术。在此背景下你可以利用仿真在真实事件发生之前就看到方案的实际效果。其后可以利用这些方案的实际影响来验证或否决你的决策过程。

▶ 访问分析

逻辑访问控制是计算机信息系统的第一道防线。这些工具承担着对访问组织机构中计算机资源的识别、授权和维护责任。不幸的是，万一组织机构用户访问凭证被泄漏，访问控制显然就成为问题点。除非你使用更保险的身份验证方法，例如双重认证方式，否则攻击者就可以利用有效的访问凭证登录进入组织系统了。

如此，安全分析人员该如何识别这些有效但未经授权的访问尝试？尽管难以确定地识别出这些非法访问，但是可以识别与常见的访问行为不相符合的事件。这就与信用卡中心如何根据以前的消费行为来甄别异常交易的方法非常相似。对于用户的访问行为来说，它与信用卡的使用在某种意义上是完全相同的。通常，组织机构中的用户访问计算机系统时有常规的行为模式，任何与这种常规模式不同的行为都可以将其标记为异常。

这种技术可以应用的一个重要领域是虚拟专用网络（VPN）的访问。根据用户配置文件，VPN访问允许远程连接到内部系统。如果高级别权限用户的访问凭证被泄漏，则攻击者会有更大机会获得更高级的系统访问权限并借此造成更大的破坏。执行访问复查是确保此类访问不被滥用的一个重要方法。例如，若发现用户账户同时从两个不同地理位置登录，则应触发设置红色标志。另一个案例是审查此类异常访问的行为和时间模式，比如账户在短时间里频繁登录和退出，或者在不寻常的时间段登录（例如，与 IP 地址时区交叉相关的清晨时间）。

审查此类数据并不简单，即使是查看一周的用户访问日志也是一项艰巨任务。此外如何有效地将不同的访问事件关联起来？这些都是分析技术发挥作用的地方。

人的因素：

许多检测异常访问事件的逻辑只是基于一般常识。但在某些情况下，检测异常事件就取决于安全分析人员的专业知识和多年的经验。例如，识别那些水平较高且进行持续威胁的异常访问者的行为就需要高度专业化的技术，由此也使得大多数分析人员难以找出时间和资源来手动执行分析任务。

知识工程可以在此处发挥作用了。如上一节所讨论的，知识工程是一个将人类专业知识融入计算机系统的学科。本质上它意味着全自动化或至少对人工决策过程起到辅助作用。假如可以通过知识工程重建识别异常访问事件的逻辑，则识别它们的过程将更简单、迅速且能够实现自动化。例如，如果可以导出各种访问日志，并通过专家系统运行它们，事情就变得像使用条件和规则匹配脚本一样简单，安全分析人员就可以利用该系统有效地识别出那些对于公司信息系统和资源潜在的危险和滥用行为。

▶▶ 漏洞管理中的分类和分级

对于任何组织机构来讲漏洞都是祸根。漏洞是指系统本身的弱点或缺陷，它的存在增加了攻击者能够危害信息系统的风险。

另一方面漏洞管理就是识别、分类、补救和减少漏洞的过程。在任何组织机构中，这都是核心的安全程序之一。但是许多安全专业人员都知道，创建程序可能很容易，但是管理它们并且从中获得收益却又是另一回事了。

当前的网络规模越来越大。现在系统也可以很容易地部署于网络以至于我们的网络中充斥了大量各种系统。在各类漏洞扫描器的协助下，我们获得了大量可供使用的漏洞数据。

诚然，这样做也是有代价的，因为我们收集的数据越多，输出就变得越混乱。安全专业人员费力地阅读罗列漏洞结果且有数十万行之巨的电子表格的情景并非罕见。这可是难以应对的任务，而且这种数据的价值往往被淡化，因为在没有工具或技术来帮助有效利用这些数据的情况下，安全专业人员无法获得关于组织机构漏洞和风险的深入了解。

✓鸟瞰图

漏洞扫描程序有可能得到成千上万的结果。如果只是一个接一个地仔细审查这些结果的话，很容易被"淹没"其中。然而从战略和企业的角度来看，这可能不是管理漏洞的最佳方式。通过使用诸如聚类和可视化之类的分析技术，组织机构有可能识别出"热点"区域，从而更有效地利用资源以及更加系统化地处理漏洞。

✓预测损害

在漏洞管理中，另一个可能有趣的应用是根据先前的损害预测未来的损害。例如，如果某台网页服务器被黑客攻击并且原因未知，则可以使用诸如机器学习之类的分析技术为受损服务器描绘配置特征，同时检查组织机构中是否存在具有相同配置特征的其他类似服务器。具有相似配置特征的服务器被认为是最有可能处于类似损害的风险之中，应该将它们主动保护起来。

✓优化和归类

构建一个有效的漏洞管理程序，组织机构不仅要了解漏洞本身还要了解其他外部数据之间的相互影响，例如漏洞可用性和对资产本身的潜在影响。在基本的风险管理中，诸如决策树、文本分析和各种相关技术将有助于整合所有数据并形成对数据基于相关性的深刻了解。

▌安全分析流程

我们的目标是让你对安全分析流程的概况有所了解。图 1.1 展示了我们所设想流程的概念性框架。第 2 章到第 6 章说明了流程的前两个步骤，向你展示如何选择数据和使用安全分析。这本书的重点是向你提供流程前两个步骤所使用的工具。在第 7 章中我们将为你提供安全情报的概要,以及如何使用它来改善组织机构的响应方式。

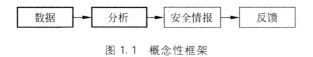

图 1.1　概念性框架

▋ 延伸阅读

Amazon,2013 Amazon Web Services,Cloud Computing:Compute,Storage,Database. (2013). Retrieved September 16,2013,from http://aws.amazon.com/.

Apache Software,2013 Welcome to the Apache Software Foundation!(September 2013). Retrieved September 16,2013,from http://apache.org/.

第2章
分析软件和工具入门

本章指南：

- 统计编程工具介绍
- 数据库和大数据技术介绍
- 仿真软件介绍

导言

在本章中我们将介绍一些有助于安全分析的免费可用的开源软件和编程语言。至少能让读者对这些软件和编程语言有稍许熟悉，以便理解本书后续章节中的一些案例。

一些高端和高价的供应商提供了许多专门为特定安全分析任务开发的软件包，比如专有文本挖掘软件以及入侵检测软件包。许多分析人员由于没有充裕的预算可能无法获得这些软件，所以我们的目的就是介绍随时可用的工具和方法，而不必顾虑预算问题。

另外，也有不少专有供应商软件包会限制用户只能使用在图形用户界面（GUI）中预定义的一套方法。GUI能让软件更易于使用，但它也可以限制用户只能访问某些分析方法。因而我们将讨论一些可能有助于探索某些数据集的开源图形界面，我们的许多分析方法会需要一些编码来实现。学习如何在代码中编写分析方法是值得的，它可以为发现新的攻击向量提供最大的灵活性，比如在零日漏洞攻击中的那些常见向量。

到本章结束前，我们会向读者介绍一系列强大的分析工具，其中大部分可从互联网上免费下载。关于如何使用这些工具的细节将在后续的章节中介绍。

统计编程

为了发现攻击者及其攻击方法，需要我们具备在诸如服务器日志这样大型且复杂的数据集中辨别出它们模式的能力。不幸的是，数据集规模越大就越复杂，我们也发现单靠人力难以辨别相关的模式。而统计方法和工具则像是给我们提供了一枚放大镜，帮助我们发现数据中的关键联系。

一提到统计学就令许多人感到不安。然而对于任何曾经进行过计数、总计、平均或数字比较等工作的人来说，他就已经运用了统计分析。虽然只是基本分析，却也毫不逊色。这些简单类型的统计被称为描述性统计，实际上也是进行任何分析最重要的起始点。描述性统计简单且易于理解，它们是认识数据处理的最好方式，并且经常揭示出数据本身许多有趣的模式。出于以上原因，我们应该始终把描述性统计的计算和分析放在分析数据工作的第一步。

当然，在分析过程中我们会发现很多非常有用而且更加复杂的统计工具。幸运的是这些统计方法被打包在软件中，所以你不必太关心软件底层的内部工作。使用这些工具通常只涉及调用代码中的函数，或在某些情况下仅仅是在用户界面中单击菜单。更高级的统计方法包括前面提到的一些，例如聚类、相关、回归以及大量的机器学习和预测建模工具等。

有许多能够执行统计分析的软件工具和编程语言，其中包括 R、Python、Arena、Mahout、Stata、SAS、VB/VBA 和 SQL。在大多数情况下我们将关注那些应用最广泛且可以免费下载使用的工具和语言，而不是冒风险去涉及过多的工具和语言。在多数案例中我们将主要关注 R、HiveQL 和 Python。我们还将使用 Apache Mahout 对超大数据集进行统计分析，同时使用 Arena 进行仿真建模（虽然 Arena 软件需要付费，但也有免费试用版可供下载）。目前为止最流行的开源统计编程语言是 R。事实上如今 R 语言在世界范围内应用相当广泛，拥有许多分析包可供使用，因而这种语言也被日益增多的跨多学科数据分析员们称为"统计学通用语"（Vance, 1996）。能让 R 语言在统计分析方面如此强大的特征之一是它能够一次对整个矩阵进行操作和执行，而不局限于数组或向量。相比其他可替换的语言，R 语言通常只需更少的代码行就可以执行统计分析。

R 语言提供了丰富的数据分析和编程环境，包括数以千计的免费可用扩展包，用于数据导入、清理、转换、可视化、挖掘和分析。甚至有用于添加图形界面的扩展包，它通过将必须代码量最小化来实现对数据更快速地探索。R 语言的接口示例包括 Rattle 和 R Commander 软件包。

数据库和大数据技术入门

"大数据"这个词语在很多情况下已被过度使用，以至于难以辨别它真正的含义。虽然没有单一的定义，但一个常见的解释是如果数据至少占有容量、速度和可变性这三个维度特征中的任何一个，则该数据就可以被认定为大数据。容量指的是数据的大小，常常以数据的行数或字节数来衡量。对于大数据的认定并没有特定的大小标准，包含数十亿行或好几太字节(TB)信息量的数据集也很常见。如第 1 章所讨论，大数据通常利用并行计算来处理如此大的信息量。

Hadoop 和 MapReduce 这两种软件一起构建了非常受欢迎的大数据工作平台。Hadoop 是由 Google 开发的分布式文件系统，它实现了让大型数据集在同时协同工作的多台计算机间传播。MapReduce 软件使得数据聚合例程能够运行于 Hadoop 分布式文件系统之上。

你需要在计算机上的虚拟机中安装一些大数据软件，以便学习第 6 章中提供的服务器日志案例。虚拟机允许在 Windows 或 Apple 计算机上运行 Linux 操作系统。你需要有一个可工作的 Hive 环境，在 Hadoop 文件系统之上加载 MapReduce。幸运的是这些单元都已预安装在免费的 Cloudera QuickStart 虚拟机软件中，来自 http://www.cloudera.com 这个网址。在撰写本文时，该软件包可以从以下网址下载：http://www.cloudera.com/content/cloudera-content/cloudera-docs/DemoVMs/Cloudera-QuickStart-VM/cloudera_quickstart_vm.html。此外，我们将使用 Mahout 和 R 进行一些分析，所以将这些软件也加载到虚拟机上会有所帮助。

在虚拟机上安装 R 软件需要从终端窗口使用一些 UNIX 命令。从 CentOS 程序桌面顶部的菜单栏中选择应用程序→系统工具→终端来打开终端窗口，也称为 Shell。你需要确保计算机连上因特网。如果你以前从未有使用 UNIX 命令行的技术背景，那么当你看到 $ 符号，通常就是指示你可以在其后的位置输入命令了。如下面的示例。你的命令行中不应该包括 $ 符号，因为显示它只为了代表命令提示符。在 shell 提示符下，输入以下命令来安装 R 软件：

```
$ rpm - ivh http://mirror.chpc.utah.edu/pub/epel/5/x86_64/epel - release -
5 - 4.noarch.rpm
$ sudo yum install R
```

输入以下命令安装 Mahout：

```
$ sudo yum install mahout
```

上述命令中，sudo 表示您正在进入超级用户模式。这种模式允许你安装软件并访问文件系统中的根目录级别。sudo 命令在你按 Enter 键后会提示并要求你输入超级用户密码。首次安装 Cloudera 虚拟机时，你的默认用户名和密码都是 admin。用 yum 命令启动 CentOS 操作系统的软件包安装程序。

▌R 语言简介

当你想在一个环境中整合并自动化执行数据的准备、分析、可视化和展示的工作时，R 语言是一个非常实用的语言。R 语言有成千上万种功能软件包可用于执行与数据有关的所有类型的任务，而且仍然不断地在开发和发布新的包。你可以在 Comprehensive R Archive Network(CRAN)中找到 R 语言软件、各种功能软件包和文档。这个在线软件库也是服务 R 语言社区的主要网站，网址是 www.cran.r-project.org。在此网站你能找到有关 R 语言软件下载和安装的指导以及相关文档。这也是搜索你希望下载的功能软件包的最佳网站。虽然 R 语言已经有了大量的基本功能包，但仍有很多附加功能包能够极大地扩展 R 语言的功能或提升运行性能。

R 不仅是一种执行统计计算的脚本语言，也是一个功能齐全、面向对象的编程语言。这使得 R 语言成为数据分析人员能够使用的一个非常灵活和强大的工具。R语言可用于各种各样的实用目的,包括提取、清理和转换数据,产生可视化、执行分析和发布吸引人的最终文档和演示文稿。虽然所有这些灵活性看似都以一个略微陡峭的学习曲线为代价,但却为分析人员提供了提升潜在洞察力的能力,这样看来很值得为此付出代价。

学习R编程语言超出了本书的范围。我们假设读者已经对R语言有些许了解,或者愿意投入一些时间去学习它。然而我们仍将在这里提供一些R语言的介绍材料,以便那些至少有一定其他编程语言经验的读者能够阅读并遵循本书中的一些编码案例。我们也会介绍一些免费资源给计划更深入学习R语言的读者们。

有许多学习R语言的方法,而且大多是免费的。对于有学术倾向的人来说通过课程学习是一个很好的方式。针对R语言有大量的免费大规模公开在线课程(MOOC),Coursera(www.coursera.com)就是其中一个学习资源网站。另外也可以从CRAN R网站(www.cran.r-project.org)免费下载R语言的文章和手册。比如说An Introduction to R(Cran.r-project.org,2014)就是一份在此网站上可供下载而且非常受欢迎的手册。当然也有众多的教程视频,包括由Google制作的名为"Series of Tutorials for Developers in R."的系列。在互联网上按照R tutorial之类的术语进行搜索你也会得到很多其他可用资源。事实上由于R语言的日益普及,新的教程不断出现,这可能是我们找到相关教程的最佳方式了。

R语言是一种与Python类似的解释型语言而不是编译型语言。这意味着你可以在R命令行中输入一行R代码,并在按Enter键时立即看到执行结果。与C或Java之类的语言不同,在运行R之前你不需要预先编译代码。这样一来你可以在编写代码时轻松地进行试验,你可以在构建代码的同时一次一行地对代码进行测试。

例如,在R的命令提示符下输入2+2然后按Enter键,在你输入位置的下方将出现一行输出,显示答案为4。R的命令提示符号是">"。输出行中方括号所包含的数字"1"被称为索引值,它指出了在该答案中只包含一个项目。

```
> 2 + 2
[1] 4
```

在 R 语言中完成的大部分工作是由存在软件包中的函数完成的。如果你熟悉 Java 语言，可以将 R 的函数看作是类似于 Java 中的方法。事实上你可能会注意到，在使用圆括号和括号的方式上 R 看起来有点像 Java。此外运算符也类似。但是它们之间却存在显著差异。例如数据类型很不一样，并且 R 也没有像 Java 那样使用"点"作为对象名分隔符。

R 语言定义了如下的数据类型：

- vectors
- matrices
- arrays
- data frames
- lists
- factors

（Kabacoff，2012b）

使用过流行的电子表格软件的用户应该熟悉 R 语言中的许多操作符。以下是常见的运算符。

▶ 赋值运算

=	赋值
<-	左赋值
->	右赋值

▶ 算术运算

+	加
-	减
/	除

*	乘
% %	取模
% / %	整除
^ 或 **	取幂

▶ 逻辑运算

<	小于
>	大于
==	等于
! =	不等于
< =	小于或等于
> =	大于或等于
		或
&	与
TRUE	真
FALSE	假

（Kabacoff，2012a）

主要的区别有，例如，请注意赋值运算符可以用两种方式表示：类似于大多数其他语言中使用的"＝"和看起来像一个箭头的把小于号和短画线结合起来的"＜－"。箭头操作符也可以指向另一个方向，如"－＞"，尽管很少使用到它。箭头符号的工作方式与等号相同。但是等号只能为显示在等号左侧的名称赋值，并且不能像箭头符号那样将值分配给右侧。这真的仅仅是一个你喜欢选择使用哪一种方式的问题。在这本书中我们将主要使用"＝"，因为在大多数主流的现代编程语言中"＝"更为程序员们所熟悉。

在 R 语言的名称中点"."的使用需要一些额外解释，因为它常常会让新手们与诸如 C 和 Java 之类的面向对象语言混淆。在变量名中使用"."，这样的 R 代码案例相当常见。R 语言中名称使用的"."只是作为可视分隔符，从而让名称更容易阅读。但是在 Java 中像 MyClass. myMethod()这样的名称中的"."表示包含在名为 MyClass 的类中称为 myMethod 的方法。

　　R 语言中的大部分工作是由函数完成的。而且在 R 语言的编程工作中程序员们常常需要大量参考帮助界面，以了解如何运用许多可供使用的函数。由于新函数的不断涌现，即使非常有经验的 R 程序员也必须参考帮助界面。需要学习的最重要技能之一就是掌握和使用 R 语言的帮助文档。有多种方法可以查找某个函数的帮助文档。可以在 R 的命令行中输入 help()，并在括号中填入函数名。或者也可以在函数名称前面输入一个问号，例如 ? lm，在这种情况下，将显示 linear model 函数 lm()的帮助文档和示例。

▶▶ 常用 R 函数

　　可从 CRAN R 软件库里下载许多种 R 软件包，虽然在这些 R 软件包中有成千上万函数可供使用，但有那么几个基本函数，你会发现自己一次又一次地使用到它们。幸运的是这些函数中的大多数都已经包含在你下载的基础 R 软件包中了。

　　例如，函数 c()是连接的函数，可以将对象（如变量）组合在一个对象中，并将结果保存为新的变量名。

```
a = 1
b = 2
c = 3
myList = c(a,b,c)
```

▌Python 简介

　　虽然 Python 是一种强大的编程语言，但相对容易学习。它的语法允许程序员用比其他语言更少的行创建程序。它还具有一个相当大而全面的库和第三方工具。另外 Python 也拥有多个操作系统的翻译器。所以如果你使用基于 Windows，Mac 或 Linux 系统的主机，你就应该能够访问并使用

Python。最后一点，Python 是免费的，而且由于它是开源的，代码和应用程序可以自由分发。

Python 是一种解释型语言。这意味着你不必像其他更传统的语言（例如 C 或 C++）那样编译它。Python 适合于快速开发，可以节省你大量的程序开发时间。因而它非常适合于简单的自动化任务，例如在第 5 章的方案中所计划的任务。除此之外，翻译器也能够以交互方式使用，为简易试验提供界面。

对 Python 更详细的介绍会在有关访问控制分析的章节中提供，同时也会提供其他相关的讨论和资源。

仿真软件简介

Arena 是我们在介绍仿真内容的章节中将会使用的工具之一。Arena 是一种强大的建模和仿真软件，它允许用户建模并且运行仿真试验。Arena 的商业版本可从 Rockwell Automation 公司购买，但同时也有一个完整功能的永久评估版本可供研究使用（http：//www. arenasimulation. com/Tools_Resources_Download_Arena. aspx）。

Arena 是一个 Windows 桌面应用程序，可以安装在 Windows 系统中。在安装并启动 Arena 程序后，你将看到主 Arena 窗口包含 3 个主要区域：

- 项目栏通常在左边，有一个主窗口包含 3 个选项卡：基本进程、报告和导航面板。此栏包含用于构建仿真模型的各种 Arena 模块。我们将在本节后面部分更多讨论关于"Arena 模块"的内容。
- 建模窗口流程图视图通常位于主窗口的右侧，并构成了屏幕的最大部分。这是建模时的工作区。该模型以流程图、图像、动画和其他绘制元素的形式进行图形方式创建。
- "模型"窗口的电子表格视图通常位于流程图视图底部，它显示了与模型相关的所有数据。

本书将在第 4 章介绍仿真，所以在这一点上我们将提供在 Arena 中创建仿真的高层次概述。在 Arena 中进行创建仿真有 4 个主要步骤：

- 设计和建模；
- 为模型加入数据和参数；
- 运行仿真；
- 分析仿真。

▶ 设计和建模

在创建模型之前，必须先创建一个想要仿真的场景的"概念模型"。它可以仅仅是在某张稿纸上描绘出的任何东西或只是在头脑中闪现到的任何想法。

一旦有了概念模型，下一步就是利用 Arena 中提供的各种"模块"在工作区中构建模型。这里所说的模块是指模型的构建块。共分为两种类型的模块：流程模块和数据模块。

用流程图模块来图解说明仿真逻辑。可以在项目栏的 Basic Process 选项卡中找到一些常见的流程图模块：Create、Process、Decide、Disposes、Batch、Separate、Assign 和 Record。只要将所需的流程模块拖动到模型中，然后在模型窗口流程图视图中将模块连接在一起。

有点困扰？不用担心，我们会有一整章关于仿真的进一步介绍。此外，这个快速入门模型在配套网站中也提供下载。现在只要考虑为场景创建一个基本流程图。如果你还使用过 Microsoft Visio，那么你就会更加得心应手。

▶ 为模型添加数据和参数

创建流程图之后，在 Arena 中建模的下一步就是为每个流程模块添加数据。通过双击模型中的模块，可以为每个模块分配各种值。

▶ 运行仿真

模型建立完成后你所须做的就是从运行菜单中选择 Go 或按 F5 键。另外,在运行仿真之前你可能还有其他想要设置的参数,比如可以用来设置仿真周期重复次数的参数。但是出于这个快速介绍的目的,这里我们仅仅运行一下仿真就足够了。

▶ 分析仿真

Arena 会提供用于分析仿真结果的报告。你可以从项目栏中的报告面板里访问这些报告。报告向我们提供了与运行的仿真任务相关的统计信息,如最大值、最小值、平均值和资源报告等。

Arena 使用简单的方法来设置仿真模型和参数,是非常强大而且功能多样的仿真开发工具。除了相当易于使用外,Arena 也随软件安装提供了高质量的文档。这些文档可以在 Arena 产品手册下的帮助菜单中找到。Getting Started with Arena 是一份相当不错的、能够开启 Arena 学习之旅的文档。

▌ 延伸阅读

Cran. r-project. org,2014. An Introduction to R(online) Available at http://www. cran. r-project. org/doc/manuals/r-release/R-intro. html (accessed 15. 10. 2013).

Kabacoff,R. ,2012a. Quick-R:Data Management (online) Available at http://www. statmethods. net/management/operators. html (accessed 22. 10. 2013).

Kabacoff,R. ,2012b. Quick-R:Data Types(online) Available at http://www. statmethods. net/input/datatypes. html(accessed 24. 10. 2013).

Vance,A. ,1996. R,the Software,Finds Fans in Data Analysts(online) Available at http://www. nytimes. com/2009/01/07/technology/business-computing/07program. html? _r=0(accessed 14. 10. 2013).

第3章
分析学和应急响应

本章指南：

- 入侵和应急响应识别中的场景和挑战
- 文本挖掘的使用和异常值检测
- 案例学习：循序渐进地指导如何利用统计编程工具发现入侵和事故
  （案例学习将围绕使用 Hadoop 和 R 进行服务器日志调查）
- 其他适用的安全范畴和场景

▌导言

随着广泛公布的数据泄露事件越来越多地出现在新闻中,服务器安全成为最重要的问题。发生数据泄露以后,需要对服务器日志进行取证分析以便识别漏洞、执行损害评估、制定缓解措施和收集证据。然而随着网络流量的增长,布置在数据中心的 Web 服务器数量也日益增加,通常会产生巨量的服务器日志数据,而且这些数据很难用传统的非并行的方法进行分析。

通过使用 Hadoop、MapReduce 和 Hive 软件栈,你可以同时分析处理非常庞大的服务器日志集。Hadoop 联合 MapReduce 一起提供了分布式文件结构和并行处理框架,而 Hive 使用类似 SQL 的语法提供查询和分析数据的能力。R 则为你提供了适用于中等规模数据集的基本分析工具,或使用 Hadoop 和 MapReduce 将大数据聚合或缩小到更易于管理的数据规模大小。

有很多商业化的软件工具可帮助查询日志文件数据。其中一些如 Splunk 也能够处理大数据。然而在本章中我们聚焦的示例都是基于开源并且提供免费可用工具的分析平台。通过编写自己的脚本你可以根据自身情况完全定制分析程序,也能够构建可重复的处理过程。像 R 这样的开源工具提供了成千上万可选分析软件包,甚至还包括了其他商业化软件工具包可能还无法提供的非常复杂和前沿的方法。

商业版的工具会相当昂贵,并非所有组织和部门都有足够预算负担得起它们。如果有机会使用商业版的工具,你就应该通过各种方式去充分利用它们。商业版的工具能极其快速地探索你的数据,并且使用的图形用户界面也让它们看起来物有所值。虽然脚本方式对于重复性的任务来说是个很不错的选择,而且当需要回溯步骤或对新数据重新运行分析时,脚本方式也有非常大的优势,但它们确实需要花费一些时间和精力去编写。因此脚本方式很难击败一个刚开始就能够快速搜索数据的好用的图形界面。

考虑到商业版的工具和开源工具各有其优势,它们应被视为相互补充而不是互相竞争的技术。如果能够负担得起费用，为什么不能两者兼用？一旦学会了如何使用开源工具进行分析，例如 Hadoop、MapReduce、R 和 Mahout，你就拥有了非常坚实的基础，进而能够理解任何平台上的分析过程了。这也将有助于你学习包括商业版工具在内的其他各类工具。

我们将在本章中探讨利用分析方法来发现场景和案例中的潜在安全漏洞。本节中的方法并非是竭尽所能涵盖的详尽目录。相反，我们希望它们能够帮助你开发一些属于你自己的创意和方法。

▌入侵和应急响应识别中的场景和挑战

在入侵企图识别中最大的挑战也许是"我们不知道我们不知道什么"。发现不了解的未知事件是一件很困难的任务，即我们不能预见可以绕过现有防御措施的新攻击模式。用于实时防止入侵的软件程序是必不可少的，但它们也有着明显的缺点。通常它们仅能侦测已知的攻击模式，或者用安全术语来说的"已知攻击向量"。实时入侵检测和预防往往聚焦在已知的未知事件，而不是未知的未知事件。

虽然部署实时入侵检测和预防软件必不可少，却远远不够。分析人员需要运用创造性的努力才能发现那些成功绕过现有防御措施的新型攻击。它涉及分析那些从系统收集到的数据，例如来自服务器和网络设备的日志文件以及来自个人计算设备的驱动程序等。

本章中我们将重点关注数据分析而不是数据采集。关于怎样采集数据已经有很多不错的文章和在线资源可供参考。既然大多数系统已经收集了关于网络和服务器流量的大量数据，更大的挑战就不是采集数据而是掌握该如何处理数据。无论数据源是由服务器日志组成，还是来自诸如 Wireshark 这类软件收集的网络数据，又或是一些其他来源，对其分析的方法通常都是相同的。例如，无论数据源如何，异常值检测方法在任何情况下都非常有用。

▶利用大数据分析服务器日志集

本节中我们将检验用大数据技术如何同时分析多个服务器日志。

我们将聚焦在 Hive Query 语言（HiveQL）中的各种查询，以协助对 Apache 服务器日志文件执行取证分析。我们也会涉及一些利用其他软件工具进行的分析，比如 R 和 Mahout。由于 HiveQL 非常类似于基础的 ANSI SQL，因此已经熟悉查询关系数据库的分析人员应该很容易地掌握它。

事实上，对已经解析并存储在关系数据库中的日志文件数据进行很少或只是微小的修改后，这里大多数的查询都可以运行了。如果拥有少量且足够的日志文件集，可能仅仅需要一个关系数据库。然而对于大量的日志记录，在 Hadoop 之上运行的 Hive 提供的并行处理则有可能将原本不可行的分析转化为可行的分析。以下示例中使用的日志文件采用流行的 Apache 组合格式，因而此代码也可以轻松地适配成其他格式。

▌日志文件分析

服务器日志格式虽然没有单一的标准，但是有一些格式相对比较常见。常见的日志文件格式包括 Windows 事件日志、IIS 日志、防火墙日志、VPN 访问日志和用于身份验证的 FTP、SSH 等服务的各种 UNIX 日志。不论怎样，Apache Foundation 开源服务器软件的使用已经非常普遍，并且它能够以两种格式生成日志文件：通用日志格式和组合日志格式。虽然用户可以修改这些格式，但较常见的情况是用户在使用时并不会修改这两种格式。除添加了两个字段以外，组合日志格式与通用日志格式相同。这两个添加字段分别是引用源和用户代理字段，引用源字段指出了客户端所引用或链接的站点，用户代理字段显示了客户端浏览器上的标识信息。尽管我们所要检验的方法可以适应任何日志格式，但本书中的服务器案例一般使用组合日志格式。

▶ 通用日志文件字段

通用日志文件字段包括：

- 远程主机名或用户 IP 地址；
- 用户远程登录名；
- 已认证用户名；
- 生成请求日期和时间；
- 客户端发送 URL 请求字符串；
- 服务器发回客户端 http 状态码；
- 服务器传送客户端文件大小（bytes）。

▶ 组合日志文件字段

组合日志文件字段包括：

- 远程主机名或用户 IP 地址；
- 用户远程登录名；
- 已认证用户名；
- 生成请求日期和时间；
- 客户端发送 URL 请求字符串；
- 服务器发回客户端 http 状态码；
- 服务器传送客户端文件大小（bytes）；
- 客户端引用站点的 URL；
- 客户端浏览器或用户代理标识信息。

▶ 方法

日志分析包括以下方法：

- 使用 LIKE 运算符执行与已知攻击向量相关的关键字和术语的模糊搜索。这些已知攻击向量包括注入攻击、目录和路径遍历入侵、缓存中毒、文件包含或执行漏洞,以及拒绝服务攻击。

- 生成 Web 日志变量的时间聚合用于趋势统计,例如主机活动、请求、状态码、文件大小和代理等。
- 排序、过滤和组合数据以识别潜在的问题源。
- 创建适用于 R 语言和 Mahout 软件的分析数据集,以便进一步分析。

▶ 运行示例所需附加数据和软件

我们已经在本书的补充材料网站上列出运行此分析所需的所有数据。这些数据由 Apache 和组合格式服务器日志文件组成。

文件 1 到文件 6 是来自 Amazon 的案例集。然而由于这些文件中没有已知或明显易于发现的安全漏洞,所以我们将附加文件添加到此集合中,这些附加文件包括了典型的已知安全漏洞事件日志记录的案例。这个附加文件名为"access_log_7"。其中一些案例是通过搜索互联网资源得到。另外有几个来自一些实际 Web 取证工作中的小部分案例(Talabis,2013)。出于安全和隐私的原因,这些日志记录中删除了机密信息和个人标识信息。

✓ 类似 SQL 的 Hive 分析

由于熟悉 SQL 语法的分析人员数量众多,同时 Hive 拥有灵活的内置函数和运算符,因而大部分案例都会使用 Hive 来实现。此外,由于存在如此多的潜在攻击向量以及不断创造出的新攻击向量,安全分析人员需要工具来完成特别定制的分析。如 Hive 和 HiveQL 这样 SQL 类型的工具就非常符合这类需求。

■ 加载数据

前几个基本步骤包括:启动 Hive,设置数据,创建主表并加载。分析步骤会是较有趣的部分,然而我们首先必须处理数据设置。

将日志文件放入与你正运行的虚拟机共享的文件夹中。也可以将它们放入 Amazon AWS 环境的本地目录中。以下所有示例都是在我自己计算机中的 Cloudera 虚拟机上演示的。文件应被加载到一个名为 ApacheLogData 的文件夹中。接下来我们返回上一层名为 Project1 的文件夹，并从我们的 Bash shell 命令行中输入 hive 以启动 Hive 程序。

```
[cloudera@localhost Project1]$ hive.
Logging initialized using configuration in jar:file:/usr/lib/hive/
lib/hive-common-0.10.0-cdh4.2.0.jar!/hive-log4j.properties
Hive history file = /tmp/cloudera/hive_job_log_cloudera_
201305061902_843121553.txt
hive>
```

串并转换器用于解析服务器日志，我们必须为其引入所需的 Java 文件。我们在 hive 命令行中完成 Java 文件的添加，如下所示：

```
hive> add jar /usr/lib/hive/lib/hive-contrib-0.10.0-cdh4.2.0.jar;
Added /usr/lib/hive/lib/hive-contrib-0.10.0-cdh4.2.0.jar to class path
Added resource: /usr/lib/hive/lib/hive-contrib-0.10.0-cdh4.2.0.jar
hive>
```

接下去我们添加一个设置，以便可以在输出中看到数据域标题。特别是对于那些可能不太熟悉 Apache 日志文件格式的用户来说，提供的这个标题参考能使查询结果更易于阅读。

```
hive> set hive.cli.print.header = true;
```

在下一步中，我们创建基本数据表结构并向表中加载数据：

```
hive> CREATE TABLE apachelog (
> host STRING,
> identity STRING,
> user STRING,
> time STRING,
> request STRING,
> status STRING,
> size STRING,
> referer STRING,
```

```
> agent STRING)
> ROW FORMAT SERDE 'org.apache.hadoop.hive.contrib.serde2.RegexSerDe'
> WITH SERDEPROPERTIES ( "input.regex" = "([^] *) ([^] *)
([^] *) (-
> |\\[[^\\]] *\\]) ([^\"] *|\"[^\"] *\") (-|[0-9] *) (-|[0-9] *)
(?: ([^
> \"] *|\"[^\"] *\") ([^\"] *|\"[^\"] *\"))?","output.format.
string" =
> "%1$s %2$s %3$s %4$s %5$s %6$s %7$s %8$s %9$s" )
> STORED AS TEXTFILE;
OK
Time taken: 0.029 seconds
```

现在我们得到一个空表并且可以加载所有 7 个日志文件。如前文所述，第 7 个是由我们创建的包含安全漏洞示例的文件，其他 6 个则是从 Amazon 的案例中挑选的文件。

```
hive > LOAD DATA LOCAL INPATH "ApacheLogData/access *" INTO TABLE
apachelog;
Copying data from file:/mnt/hgfs/BigDataAnalytics/Project1/
ApacheLogData/access *
Copying file: file:/mnt/hgfs/BigDataAnalytics/Project1/
ApacheLogData/access_log_1
Copying file: file:/mnt/hgfs/BigDataAnalytics/Project1/
ApacheLogData/access_log_2
Copying file: file:/mnt/hgfs/BigDataAnalytics/Project1/
ApacheLogData/access_log_3
Copying file: file:/mnt/hgfs/BigDataAnalytics/Project1/
ApacheLogData/access_log_4
Copying file: file:/mnt/hgfs/BigDataAnalytics/Project1/
ApacheLogData/access_log_5
Copying file: file:/mnt/hgfs/BigDataAnalytics/Project1/
ApacheLogData/access_log_6
Copying file: file:/mnt/hgfs/BigDataAnalytics/Project1/
ApacheLogData/access_log_7
Loading data to table default.apachelog
Table default.apachelog stats: [num_partitions: 0, num_files: 7,
num_rows: 0, total_size: 53239106, raw_data_size: 0]
OK
```

```
Time taken: 0.614 seconds
```

对于任何可能有兴趣从 Amazon 直接提取案例日志文件的技术人员，我们提供以下指导说明。有很多种方法可以做到这一点，但这里只展示我们所采用的方法：在 Amazon 的 Elastic MapReduce 环境中创建名为 temp 的新目录，然后将保存在 Amazon 案例 S3 存储区中所有样本日志文件复制到新创建的临时目录中。案例都保存在位于"3n：//elasticmapreduce/samples/pig-apache/input/"的存储区中。

```
hadoop@domU - 12 - 31 - 39 - 00 - 88 - 72:~ $ hadoop dfs - mkdir temp
hadoop@ domU - 12 - 31 - 39 - 00 - 88 - 72:~ $ hadoop dfs - cp 's3n://
elasticmapreduce/
samples/pig - apache/input/ * ' temp
13/04/22 19:17:43 INFO s3native.NativeS3FileSystem: Opening
's3n://elasticmapreduce/samples/pig - apache/input/access_log_1' for
reading
13/04/22 19:17:46 INFO s3native.NativeS3FileSystem: Opening 's3n://
elasticmapreduce/samples/pig - apache/input/access_log_2' for reading
13/04/22 19:17:48 INFO s3native.NativeS3FileSystem: Opening 's3n://
elasticmapreduce/samples/pig - apache/input/access_log_3' for reading
13/04/22 19:17:49 INFO s3native.NativeS3FileSystem: Opening 's3n://
elasticmapreduce/samples/pig - apache/input/access_log_4' for reading
13/04/22 19:17:50 INFO s3native.NativeS3FileSystem: Opening 's3n://
elasticmapreduce/samples/pig - apache/input/access_log_5' for reading
13/04/22 19:17:52 INFO s3native.NativeS3FileSystem: Opening 's3n://
elasticmapreduce/samples/pig - apache/input/access_log_6' for reading
```

如果我们以后要恢复或修改它们，为了便于访问，我们将文件从 temp 目录移动到我们自己的 S3 存储区。我们将 S3 存储区命名为 Project1E185。

```
hadoop@domU - 12 - 31 - 39 - 00 - 88 - 72:~ $ hadoop dfs - cp temp/ * 's3n://
Project1E185/'
13/04/22 19:19:36 INFO s3native.NativeS3FileSystem: Creating new
file 's3n://Project1E185/access_log_1' in S3
13/04/22 19:19:40 INFO s3native.Jets3tNativeFileSystemStore:
s3.putObject Project1E185 access_log_1 8754118
13/04/22 19:19:40 INFO s3native.NativeS3FileSystem: Creating new
file 's3n://Project1E185/access_log_2' in S3
```

```
13/04/22 19:19:42 INFO s3native.Jets3tNativeFileSystemStore:
s3.putObject Project1E185 access_log_2 8902171
13/04/22 19:19:42 INFO s3native.NativeS3FileSystem: Creating new
file 's3n://Project1E185/access_log_3' in S3
13/04/22 19:19:44 INFO s3native.Jets3tNativeFileSystemStore:
s3.putObject Project1E185 access_log_3 8896201
13/04/22 19:19:44 INFO s3native.NativeS3FileSystem: Creating new
file 's3n://Project1E185/access_log_4' in S3
13/04/22 19:19:46 INFO s3native.Jets3tNativeFileSystemStore:
s3.putObject Project1E185 access_log_4 8886636
13/04/22 19:19:46 INFO s3native.NativeS3FileSystem: Creating new
file 's3n://Project1E185/access_log_5' in S3
13/04/22 19:19:48 INFO s3native.Jets3tNativeFileSystemStore:
s3.putObject Project1E185 access_log_5 8902365
13/04/22 19:19:48 INFO s3native.NativeS3FileSystem: Creating new
file 's3n://Project1E185/access_log_6' in S3
13/04/22 19:19:50 INFO s3native.Jets3tNativeFileSystemStore:
s3.putObject Project1E185 access_log_6 8892828
```

接下去再将这些文件从我们的 S3 存储区下载到我们计算机的共享文件夹 ApacheLogData 中，这样就可以在 Cloudera Hadoop 安装过程中访问它们。

▶▶ 特殊攻击向量发现过程

在服务器日志中发现攻击尝试的最直接方法就是在"请求"字段中找出攻击的模式。请求字段显示了客户端浏览器用户或其他代理所请求的资源或网页的 URL 信息。使用 HiveQL 并通过 LIKE 运算符，可以发现许多攻击在请求字段中暴露的指纹或签名信息。或者，若需要更细致地控制搜索，可以在正则表达式中使用 REGEXP 或 RLIKE 运算符。

你可以使用 Perl、Java 或其他任何能够处理正则表达式的工具执行这些搜索。可这些工具无法扩展到处理大容量和大数量的日志文件，更无法比拟将 Hive、MapReduce 和 Hadoop 软件栈组合在一起所展现的处理能力。以下是一些直接搜索及试图查找攻击的示例。

▶ SQL 注入攻击

在 SQL 注入尝试中,攻击者尝试在资源请求中插入 SQL 代码。当这种情况发生时,攻击者可能会进行多次尝试,此时系统反馈的错误消息偶尔会为攻击者提供找出数据库中的可用字段的线索。例如,在某些数据库的 SELECT 语句中包含一个不存在的变量会产生一个错误信息指出该变量不存在,并在其后列表显示可用的变量。通过尝试和错误信息,攻击者有可能进入数据库取得有价值的信息或对系统造成损害。

Hive 中 LIKE 语句的语法与大家所熟悉的大多数基于 SQL 关系型数据库的语法相同。在这种情况下,我们要搜索请求 URL 字符串以获得对任何 SQL 查询至关重要的术语:select,from,where,case,if,having 和 when。下面的代码也使用 Hive 函数 LOWER()来确保 LIKE 运算符识别该术语,不管它是否为大写(令其不区分大小写)。重要的是,要注意 Hive 的 LIKE 操作符与它在大多数关系型数据库中有所不同,因为它区分大小写。因此我们使用 LOWER()函数来确保区分大小写不会影响我们的查询。

```
SELECT * FROM apache log
WHERE LOWER(request) LIKE '% like %'
OR LOWER(request) LIKE '% select %'
OR LOWER(request) LIKE '% from %'
OR LOWER(request) LIKE '% where %'
OR LOWER(request) LIKE '% if %'
OR LOWER(request) LIKE '% having %'
OR LOWER(request) LIKE '% case %'
OR LOWER(request) LIKE '% when %';
```

值得注意的是,以上仅是出于举例目的而提供的一些可能性。还有许多其他可能性,且攻击向量也总是在不停地变化。你可以使用互联网搜索引擎来搜索关键字,例如用 sqli 或 sql injection examples 来搜索更新过的攻击信息并相应地调整查询。此外你也应该研究信息如何存储在服务器日志中。与本案例中的日志不同,你可能发现日志文件在关键字之间不显示空

格。因为 URL 不能显示空格，所以空格可能在你的日志文件中以％20 或加
号"＋"的形式编码。为捕捉到这些情况，你只需在 WHERE 子句中重复上述
行，但是要消除空格，例如将"％ select ％"转变为"％select％"。运行此代
码段将生成以下输出。

```
hive > SELECT  *  FROM apachelog
> WHERE LOWER(request) LIKE '% like %'
> OR LOWER(request) LIKE '% select %'
> OR LOWER(request) LIKE '% from %'
> OR LOWER(request) LIKE '% where %'
> OR LOWER(request) LIKE '% if %'
> OR LOWER(request) LIKE '% having %'
> OR LOWER(request) LIKE '% case %'
> OR LOWER(request) LIKE '% when %';
Total MapReduce jobs = 1
Launching Job 1 out of 1
Number of reduce tasks is set to 0 since there's no reduce operator
Starting Job = job_201305061901_0002, Tracking URL = http://localhost.
localdomain:50030/jobdetails.jsp?jobid = job_201305061901_0002
Kill Command = /usr/lib/hadoop/bin/hadoop job - kill
job_201305061901_0002
Hadoop job information for Stage - 1: number of mappers: 1; number of
reducers: 0
2013 - 05 - 06 20:16:31,416 Stage - 1 map = 0 %, reduce = 0 %
2013 - 05 - 06 20:16:39,459 Stage - 1 map = 100 %, reduce = 0 %,
Cumulative
CPU 4.82 sec
2013 - 05 - 06 20:16:40,471 Stage - 1 map = 100 %, reduce = 100 %,
Cumulative
CPU 4.82 sec
MapReduce Total cumulative CPU time: 4 seconds 820 msec
Ended Job = job_201305061901_0002
MapReduce Jobs Launched:
Job 0: Map: 1Cumulative CPU: 4.82 sec HDFS Read: 53239663 HDFS
Write: 218SUCCESS
Total MapReduce CPU Time Spent: 4 seconds 820 msec
OK
host identity user time size referer status agent
216.185.64.79 - - [18/Sep/2009:00:00:55 - 0800] "GET /SELECT * FROM
```

```
users WHERE username = '' having 1 = 1 --  HTTP/1.1" 200 3164 " - "
"Mozilla/5.0 (compatible) Feedfetcher - Google; ( + http://www.google.
com/feedfetcher.html)"
Time taken: 11.572 seconds
hive >
```

我们能看到有一个条目在请求字段中有一个常用的 SQL 注入方法。注入代码简单地显示为：“GET/SELECT ＊ FROM users WHERE username = ''having 1 = 1--”。通常，字符串中的第一个元素会用来索引 Web 页面，但原则是相同的。我们简化了这个例子以便清楚地向你解释发生了什么。

在这种情况下，使用 Hive 和其他类似搜索工具的主要优点是，搜索工具可以在很短时间内在这些服务器内所有日志中找出单个已知事件。否则就很可能演变成“大海捞针”般看似无止境的搜索工作了。

▶ 直接遍历和文件包含

攻击者也可能尝试在 URL 查询行尾部添加附加元素来遍历服务器的文件系统。一旦攻击者定位到关键文件夹和文件，就有可能获取密码等有价值的信息，或将可执行文件添加到系统，也可能直接破坏系统。

我们在请求字段中使用以下列出的查询搜索语句，用来查找文件系统根一级文件目录有关的关键字。查询的一部分也会搜索普遍存在的双点字符（隐藏文件夹），因为它们常被用于此类攻击中。虽然我们主要关注 Linux 操作系统相关的术语和字符，我们也会囊括一些基于 Windows 的术语和字符，例如“c:\”“.exe”和“.ini”等。

```
hive > SELECT ＊ FROM apachelog
WHERE LOWER(request) LIKE '% usr/% '
OR LOWER(request) LIKE '% ~/% '
OR LOWER(request) LIKE '% . exe % '
OR LOWER(request) LIKE '% . ini % '
OR LOWER(request) LIKE '% usr/% '
OR LOWER(request) LIKE '% etc/% '
-- OR LOWER(request) LIKE '% home/% '
-- OR LOWER(request) LIKE '% bin/% '
```

```
OR LOWER(request) LIKE '%dev/%'
OR LOWER(request) LIKE '%opt/%'
OR LOWER(request) LIKE '%root/%'
OR LOWER(request) LIKE '%sys/%'
OR LOWER(request) LIKE '%boot/%'
OR LOWER(request) LIKE '%mnt/%'
OR LOWER(request) LIKE '%proc/%'
OR LOWER(request) LIKE '%sbin/%'
OR LOWER(request) LIKE '%srv/%'
OR LOWER(request) LIKE '%var/%'
OR LOWER(request) LIKE '%c:\%'
OR LOWER(request) LIKE '%..%';
```

查询的运行结果如下所示：

```
hive> SELECT * FROM apachelog
> WHERE LOWER(request) LIKE '%usr/%'
> OR LOWER(request) LIKE '%~/%'
> OR LOWER(request) LIKE '%.exe%'
> OR LOWER(request) LIKE '%.ini%'
> OR LOWER(request) LIKE '%usr/%'
> OR LOWER(request) LIKE '%etc/%'
> -- OR LOWER(request) LIKE '%home/%'
> -- OR LOWER(request) LIKE '%bin/%'
> OR LOWER(request) LIKE '%dev/%'
> OR LOWER(request) LIKE '%opt/%'
> OR LOWER(request) LIKE '%root/%'
> OR LOWER(request) LIKE '%sys/%'
> OR LOWER(request) LIKE '%boot/%'
> OR LOWER(request) LIKE '%mnt/%'
> OR LOWER(request) LIKE '%proc/%'
> OR LOWER(request) LIKE '%sbin/%'
> OR LOWER(request) LIKE '%srv/%'
> OR LOWER(request) LIKE '%var/%'
> OR LOWER(request) LIKE '%c:\%'
> OR LOWER(request) LIKE '%..%';
Total MapReduce jobs = 1
Launching Job 1 out of 1
Number of reduce tasks is set to 0 since there's no reduce operator
Starting Job = job_201305061901_0003, Tracking URL = http://localhost.
```

```
localdomain:50030/jobdetails.jsp?jobid = job_201305061901_0003 >
Kill Command = /usr/lib/hadoop/bin/hadoop job - kill
job_201305061901_0003
Hadoop job information for Stage - 1: number of mappers: 1; number of
reducers: 0
2013 - 05 - 06 20:32:02,894 Stage - 1 map = 0 %, reduce = 0 %
2013 - 05 - 06 20:32:10,931 Stage - 1 map = 83 %, reduce = 0 %
2013 - 05 - 06 20:32:11,937 Stage - 1 map = 100 %, reduce = 0 %, Cumulative
CPU 7.58 sec
2013 - 05 - 06 20:32:12,944 Stage - 1 map = 100 %, reduce = 0 %, Cumulative
CPU 7.58 sec
2013 - 05 - 06 20:32:13,956 Stage - 1 map = 100 %, reduce = 100 %,
Cumulative
CPU 7.58 sec
MapReduce Total cumulative CPU time: 7 seconds 580 msec
Ended Job = job_201305061901_0003
MapReduce Jobs Launched:
Job 0: Map: 1 Cumulative CPU: 7.58 sec HDFS Read: 53239663 HDFS
Write: 855 SUCCESS
Total MapReduce CPU Time Spent: 7 seconds 580 msec
OK
host identity user time size referer status agent
10.255.255.124 - - [25/Apr/2013:15:31:46 - 0400] "GET /cgi - bin/
powerup/r.cgi?FILE = ../../../../../../../../../../etc/passwd
HTTP/1.1" 404 539 " - " "Mozilla/4.75 (Nikto/2.1.4) (Evasions:None)
(Test:003175)"
10.255.255.124 - - [25/Apr/2013:15:31:46 - 0400] "GET /cgi - bin/r.
cgi?FILE = ../../../../../../../../../../etc/passwd HTTP/1.1" 404 531
" - " "Mozilla/4.75 (Nikto/2.1.4) (Evasions:None) (Test:003176)"
216.185.64.79 - - [18/Sep/2009:00:00:55 - 0800] "GET /example.com/
doc/..% 5c../Windows/System32/cmd.exe?/c + dir + c:\ HTTP/1.1" 200 3164
" - " "Mozilla/5.0 (compatible) Feedfetcher - Google; ( + "> http://www.
google.com/feedfetcher.html)"
216.185.64.79 - - [18/Sep/2009:00:00:55 - 0800] "GET /example.com/
example.asp?display = ../../../../../Windows/system.ini HTTP/1.1" 200
3164 " - " "Mozilla/5.0 (compatible) Feedfetcher - Google; ( + "> http://
www.google.
com/feedfetcher.html)"
Time taken: 13.626 seconds
hive >
```

　　我们找出多个此类攻击尝试的案例，都是以这种查询方式发现的。请
注意状态显示为错误的几个攻击尝试，其状态代码为 404 和 531。然而你也
能看到状态代码为 200 所表明的两次成功尝试。还要注意关键字如 etc，
exe，ini 和双点导航的使用。此外在 etc 目录中遍历文件似乎与尝试获取
passwd 文件的攻击有关（一种常用的攻击向量）。

▶ 跨地域请求伪造

　　在这种攻击中发现的关键字与浏览器的 JavaScript 警报通知有关。

```
SELECT * FROM apachelog
WHERE LOWER(request) LIKE '%>alert%'
OR LOWER(request) LIKE '%vulnerable%';
hive> SELECT * FROM apachelog
> WHERE LOWER(request) LIKE '%>alert%'
> OR LOWER(request) LIKE '%vulnerable%';
Total MapReduce jobs = 1
Launching Job 1 out of 1
Number of reduce tasks is set to 0 since there's no reduce
operator
Starting Job = job_201305071923_0007, Tracking URL = http://
localhost.localdomain:50030/jobdetails.jsp?jobid=job_
201305071923_0007
Kill Command = /usr/lib/hadoop/bin/hadoop job -kill
job_201305071923_0007
Hadoop job information for Stage-1: number of mappers: 1; number of
reducers: 0
2013-05-07 22:37:45,751 Stage-1 map = 0%, reduce = 0%
2013-05-07 22:37:53,784 Stage-1 map = 100%, reduce = 0%, Cumulative
CPU 7.01 sec
2013-05-07 22:37:54,796 Stage-1 map = 100%, reduce = 100%,
Cumulative
CPU 7.01 sec
MapReduce Total cumulative CPU time: 7 seconds 10 msec
Ended Job = job_201305071923_0007
MapReduce Jobs Launched:
Job 0: Map: 1 Cumulative CPU: 7.01 sec HDFS Read: 159723693 HDFS
Write: 2428 SUCCESS
```

```
Total MapReduce CPU Time Spent: 7 seconds 10 msec
OK
host identity user time request status size referer agent
10.255.255.124 - - [25/Apr/2013:15:31:46 - 0400] "GET /options.
php?optpage = < script > alert('Vulnerable!')</script > HTTP/1.1"
404 529 " - " "Mozilla/4.75 (Nikto/2.1.4) (Evasions:None)
(Test:003171)"
10.255.255.124 - - [25/Apr/2013:15:31:46 - 0400] "GET /search.php?
ma
ilbox = INBOX&what = x&where = < script > alert('Vulnerable!')</script > &
submit = Search HTTP/1.1" 404 528 " - " "Mozilla/4.75 (Nikto/2.1.4)
(Evasions:None) (Test:003172)"
10.255.255.124 - - [25/Apr/2013:15:31:46 - 0400] "GET /help.
php?chapter = < script > alert('Vulnerable')</script > HTTP/1.1"
404 526 " - " "Mozilla/4.75 (Nikto/2.1.4) (Evasions:None)
(Test:003173)"
```

你能看到有几个触发了 JavaScript 警告通知的日志记录。

▶▶ 命令注入

这种攻击试图伪装成 HTML URL 编码命令。以下查询包括一些常见案
例的关键词。

```
SELECT * FROM apachelog
WHERE LOWER(request) LIKE '% &comma % '
OR LOWER(request) LIKE '% 20echo % '
OR LOWER(request) LIKE '% 60id % ';
hive > SELECT * FROM apachelog
> WHERE LOWER(request) LIKE '% &comma % '
> OR LOWER(request) LIKE '% 20echo % '
> OR LOWER(request) LIKE '% 60id % ';
Total MapReduce jobs = 1
Launching Job 1 out of 1
Number of reduce tasks is set to 0 since there's no reduce operator
Starting Job = job_201305071923_0005, Tracking URL = http://localhost.
localdomain:50030/jobdetails.jsp?jobid = job_201305071923_0005 >
Kill Command = /usr/lib/hadoop/bin/hadoop job - kill
job_201305071923_0005
```

Hadoop job information for Stage-1: number of mappers: 1; number of reducers: 0
2013-05-07 22:28:42,343 Stage-1 map = 0%, reduce = 0%
2013-05-07 22:28:51,378 Stage-1 map = 83%, reduce = 0%
2013-05-07 22:28:52,384 Stage-1 map = 100%, reduce = 0%, Cumulative CPU 8.09 sec
2013-05-07 22:28:53,394 Stage-1 map = 100%, reduce = 100%, Cumulative
CPU 8.09 sec
MapReduce Total cumulative CPU time: 8 seconds 90 msec
Ended Job = job_201305071923_0005
MapReduce Jobs Launched:
Job 0: Map: 1 Cumulative CPU: 8.09 sec HDFS Read: 159723693 HDFS
Write: 6080 SUCCESS
Total MapReduce CPU Time Spent: 8 seconds 90 msec
OK
host identity user time request status size referer agent
10.255.255.124 - - [25/Apr/2013:15:31:46 -0400] "GET /forumscalendar.
php?calbirthdays = 1&action = getday&day = 2001-8-15&comma = %
22;echo%20'';%20echo%20%60id%20%60;die();echo%22 HTTP/1.1" 404
536 "-" "Mozilla/4.75 (Nikto/2.1.4) (Evasions:None) (Test:003039)"
10.255.255.124 - - [25/Apr/2013:15:31:46 -0400] "GET /forumzcalendar.
php?calbirthdays = 1&action = getday&day = 2001-8-15&comma = %
22;echo%20'';%20echo%20%60id%20%60;die();echo%22 HTTP/1.1" 404
536 "-" "Mozilla/4.75 (Nikto/2.1.4) (Evasions:None) (Test:003040)"
10.255.255.124 - - [25/Apr/2013:15:31:46 -0400] "GET /htforumcalendar.
php?calbirthdays = 1&action = getday&day = 2001-8-15&comma = %
22;echo%20'';%20echo%20%60id%20%60;die();echo%22 HTTP/1.1" 404
537 "-" "Mozilla/4.75 (Nikto/2.1.4) (Evasions:None) (Test:003041)"
10.255.255.124 - - [25/Apr/2013:15:31:46 -0400] "GET /vbcalendar.
php?calbirthdays = 1&action = getday&day = 2001-8-15&comma = %22;echo%20
'';%20echo%20%60id%20%60;die();echo%22 HTTP/1.1" 404 532 "-"
"Mozilla/4.75 (Nikto/2.1.4) (Evasions:None) (Test:003042)"
10.255.255.124 - - [25/Apr/2013:15:31:46 -0400] "GET /vbulletincalendar.
php?calbirthdays = 1&action = getday&day = 2001-8-15&comma = %
22;echo%20'';%20echo%20%60id%20%60;die();echo%22 HTTP/1.1" 404
539 "-" "Mozilla/4.75 (Nikto/2.1.4) (Evasions:None) (Test:003043)"
10.255.255.124 - - [25/Apr/2013:15:31:46 -0400] "GET /cgi-bin/
calendar.php?calbirthdays = 1&action = getday&day = 2001-8-15&comma = %
22;echo%20'';%20echo%20%60id%20%60;die();echo%22 HTTP/1.1" 404

```
538 " - " "Mozilla/4.75 (Nikto/2.1.4) (Evasions:None) (Test:003044)"
Time taken: 13.51 seconds
```

▶ MySQL 字符集转换和 MS-SQL DoS 攻击

此类攻击涉及变更字符集以规避数据库的内置验证功能，并可用于拒绝服务攻击(DoS)。与更改表或列中字符集有关的攻击，其关键字包括 alter、character 和 set。DoS 攻击中常见的其他关键字包括 waitfor、time 和 goto。

```
SELECT * FROM apachelog
WHERE LOWER(request) LIKE '% alter % '
AND LOWER(request) LIKE '% character % '
AND LOWER(request) LIKE '% set % ';
SELECT * FROM apachelog
WHERE LOWER(request) LIKE '% waitfor % '
AND LOWER(request) LIKE '% time % ';
SELECT * FROM apachelog
WHERE LOWER(request) LIKE '% goto % ';
```

从 Hive 命令行同时运行所有这 3 个查询。结果如下面所示，你会看到单条日志记录，且攻击者将它的字符集更改为 gbk_chinese_ci。我们没有找到任何可以测试剩余两个查询的示例，但它们的运行方式也应该相类似。

```
hive > SELECT * FROM apachelog
> WHERE LOWER(request) LIKE '% alter % '
> AND LOWER(request) LIKE '% character % '
> AND LOWER(request) LIKE '% set % ';
Total MapReduce jobs = 1
Launching Job 1 out of 1
Number of reduce tasks is set to 0 since there's no reduce operator
Starting Job = job_201305061901_0005, Tracking URL = http://localhost.
localdomain:50030/jobdetails. jsp?jobid = job_201305061901_0005
Kill Command = /usr/lib/hadoop/bin/hadoop job - kill
job_201305061901_0005
Hadoop job information for Stage - 1: number of mappers: 1; number of
reducers: 0
2013 - 05 - 06 21:07:52,856 Stage - 1 map = 0 % , reduce = 0 %
2013 - 05 - 06 21:07:57,880 Stage - 1 map = 100 % , reduce = 0 % , Cumulative
```

CPU 2.82 sec

2013 − 05 − 06 21:07:58,886 Stage − 1 map = 100 %, reduce = 0 %, Cumulative
CPU 2.82 sec

2013 − 05 − 06 21:07:59,897 Stage − 1 map = 100 %, reduce = 100 %,
Cumulative

CPU 2.82 sec

MapReduce Total cumulative CPU time: 2 seconds 820 msec

Ended Job = job_201305061901_0005

MapReduce Jobs Launched:

Job 0: Map: 1 Cumulative CPU: 2.82 sec HDFS Read: 53239663 HDFS

Write: 277 SUCCESS

Total MapReduce CPU Time Spent: 2 seconds 820 msec OK

216.185.64.79 − − [18/Sep/2009:00:00:55 − 0800] "GET /ALTER TABLE
'users' CHANGE 'password' 'password' VARCHAR(255) CHARACTER SET gbk
COLLATE gbk_chinese_ci NOT NULL HTTP/1.1" 200 3164 " − " "Mozilla/5.0
(compatible) Feedfetcher − Google; (+ http://www.google.com/
feedfetcher.html)"

Time taken: 9.927 seconds

hive >

> SELECT * FROM apachelog

> WHERE LOWER(request) LIKE '% waitfor % '

> AND LOWER(request) LIKE '% time % ';

Total MapReduce jobs = 1

Launching Job 1 out of 1

Number of reduce tasks is set to 0 since there's no reduce operator

Starting Job = job_201305061901_0006, Tracking URL = http://localhost.
localdomain:50030/jobdetails.jsp?jobid = job_201305061901_0006

Kill Command = /usr/lib/hadoop/bin/hadoop job − kill
job_201305061901_0006

Hadoop job information for Stage − 1: number of mappers: 1; number of
reducers: 0

2013 − 05 − 06 21:08:02,294 Stage − 1 map = 0 %, reduce = 0 %

2013 − 05 − 06 21:08:08,318 Stage − 1 map = 100 %, reduce = 0 %, Cumulative
CPU 2.75 sec

2013 − 05 − 06 21:08:09,328 Stage − 1 map = 100 %, reduce = 100 %,
Cumulative

CPU 2.75 sec

MapReduce Total cumulative CPU time: 2 seconds 750 msec

Ended Job = job_201305061901_0006

MapReduce Jobs Launched:

```
Job 0: Map: 1 Cumulative CPU: 2.75 sec HDFS Read: 53239663 HDFS
Write: 0 SUCCESS
Total MapReduce CPU Time Spent: 2 seconds 750 msec
OK
Time taken: 9.437 seconds
hive >
> SELECT * FROM apachelog
> WHERE LOWER(request) LIKE '% goto % ';
Total MapReduce jobs = 1
Launching Job 1 out of 1
Number of reduce tasks is set to 0 since there's no reduce operator
Starting Job = job_201305061901_0007, Tracking URL = http://localhost.
localdomain:50030/jobdetails.jsp?jobid = job_201305061901_0007
Kill Command = /usr/lib/hadoop/bin/hadoop job - kill
job_201305061901_0007
Hadoop job information for Stage - 1: number of mappers: 1; number of
reducers: 0
2013 - 05 - 06 21:08:23,417 Stage - 1 map = 0 % , reduce = 0 %
2013 - 05 - 06 21:08:28,438 Stage - 1 map = 100 % , reduce = 0 % , Cumulative
CPU 2.72 sec
2013 - 05 - 06 21:08:29,450 Stage - 1 map = 100 % , reduce = 100 % ,
Cumulative
CPU 2.72 sec
MapReduce Total cumulative CPU time: 2 seconds 720 msec
Ended Job = job_201305061901_0007
MapReduce Jobs Launched:
Job 0: Map: 1 Cumulative CPU: 2.72 sec HDFS Read: 53239663 HDFS
Write: 0 SUCCESS
Total MapReduce CPU Time Spent: 2 seconds 720 msec
OK
Time taken: 8.413 seconds
```

▶ 计数和追踪失败请求状态

　　如上一节中的一个查询结果所示,攻击尝试可能导致状态代码指示可能成功也可能失败。然而通常攻击者在偶然发现能获得成功的正确组合之前,可能会遭遇许多次失败。

　　我们可以对主机的发送请求进行分类以确定哪些 IP 地址引起的失败次

数最多。尽管大量失败的出现并不能确定地表示发生了攻击,但它可以作为进一步调查的起点。除了涉及安全问题以外,分类也有助于确定系统中用户遭遇麻烦的位置,以及识别出哪些 IP 地址可能正在令系统处于最大压力之下。

▶ 具有最多失败请求的主机

服务器日志中的状态指示器显示为一个三位数的编码。100,200 或 300系列的编码表示客户端请求成功和服务器响应成功,400 系列的编码表示失败请求,500 系列的编码则表示服务器侧问题导致的响应失败。一系列失败的请求可能是发生攻击的迹象,攻击者使用反复试验法直到攻击成功。服务器响应失败有可能意味着攻击已成功且服务器端遭到破坏。

以下查询对主机请求失败进行了分组,使用了 Hive 的 case 语句和子字符串函数 SUBSTR()。该函数表达为"substr(status,1,1)",查询状态字段的第一个字符。换句话说,第一个数字表示查询应从哪个字符开始,第二个数字表示从左到右包含多少个字符。请求状态码中的第一位为"4"或"5"的情况在新添加的"故障访问"列中被编码为"1",而所有其他状态码都编码为"0"。你会看到,所得到的新视图可以轻松地将所有失败的请求统一为 1,所有成功请求统一为 0。

你会看到如何在 Hive 中用与表格相同的方式创建视图(view)。然而跟表格不同的是,视图在 Hadoop 文件系统(HDFS)中不存储任何数据,只存储查询码。在这种情况下使用视图作为一系列查询中的一个步骤,以便生成最终查询结果。一个查询建立于其他查询之上。另外你也会看到向外部存储查询结果时,Hive 有一个命令可以将输出格式设置为 CSV:Set hive.io.output.fileformat =CSVTextFile,此命令用于第二个查询中。

```
CREATE VIEW IF NOT EXISTS statusgroupings AS
SELECT host, identity, user, time, request, status, size, referer,
agent, CASE substr(status,1,1)
WHEN '1' THEN '0'
```

```
WHEN '2' THEN '0'
WHEN '3' THEN '0'
WHEN '4' THEN '1'
WHEN '5' THEN '1'
ELSE '0'
END
AS failedaccess
FROM apachelog;
-- store the results of the preceding view
set hive.io.output.fileformat = CSVTextFile;
INSERT OVERWRITE LOCAL DIRECTORY '/mnt/hgfs/BigDataAnalytics/Project1/
ApacheLog' SELECT * FROM statusgroupings;
-- sum total failed access attempts by host
CREATE VIEW IF NOT EXISTS FailedHostAttempts AS
SELECT host, SUM(failedaccess) AS failedAttempts
FROM statusgroupings
GROUP BY host
ORDER BY failedAttempts DESC;
-- count total host attempts to access
CREATE VIEW IF NOT EXISTS TotalHostAttempts AS
SELECT host, count(host) AS hostAccessAttempts
FROM statusgroupings
GROUP BY host
ORDER BY hostAccessAttempts DESC;
```

从这些视图中我们可以计算主机失败请求的百分比,如下面的查询所示。

```
-- top 20 proportions of failed attempts
SELECT a.host, failedAttempts, hostAccessAttempts, failedAttempts /
hostAccessAttempts AS percentFailed
FROM TotalHostAttempts a
JOIN FailedHostAttempts b
ON a.host = b.host
WHERE failedAttempts / hostAccessAttempts > 0
ORDER BY percentFailed DESC
LIMIT 20;
```

由于以上的视图链产生了大量的命令行及 MapReduce 的相关诊断输出,因此只有来自上述查询生成的实际视图结果才会展示出来。大家也许能想到,失败请求百分率最高的情况往往发生在只有几个请求或甚至一个请求的主机上。在大多数情况下这些记录不会被看成问题来对待。然而如果我们看到数量非常多的这类请求时,则预示很可能遭到了分布式拒绝服务(DoS)攻击,此类攻击中 bot(机器人软件)被编程为从许多不同的 IP 地址发送访问请求。正如你所见,在 Amazon 的数据中这种模式都是不明显的,所以这种模式也没被加载到示例攻击日志 access_log_7 中。

　　然而,所列出的第二台主机,IP 地址为 10.255.255.124,其 12 次访问尝试都失败,显得有点可疑。这可能需要通过特殊查询方式深入这台主机请求之中作进一步调查。

```
Total MapReduce CPU Time Spent: 17 seconds 260 msec
OK
host failedattempts hostaccessattempts percentfailed
189.106.160.140 1.0 1 1.0
10.255.255.124 12.0 12 1.0
79.11.25.143 1.0 1 1.0
99.157.209.86 1.0 1 1 . 0
24.21.134.171 3.0 4 0.75
81.193.181.206 2.0 3 0.6666666666666666
87.238.130.200 4.0 7 0.5714285714285714
165.166.103.33 1.0 2 0.5
124.177.134.93 2.0 4 0.5
88.38.60.152 2.0 4 0.5
84.203.44.110 2.0 4 0.5
115.74.146.80 1.0 2 0.5
71.49.39.235 1.0 2 0.5
68.96.161.201 1.0 2 0.5
62.150.156.229 1.0 2 0.5
58.69.168.155 1.0 2 0.5
58.68.8.190 2.0 4 0.5
41.100.138.220 1.0 2 0.5
4.131.17.243 1.0 2 0.5
201.43.250.154 1.0 2 0.5
Time taken: 64.786 seconds
```

　　下面的查询修改了上面的查询,这样至少有 20 个日志记录的主机才能被显示。列于最顶上的 IP 地址 221.221.9.60,有 28% 的请求失败。这也可能需要进一步调查。如果作进一步的查询,我们会发现许多失败的访问尝试,随后是一连串的成功,这可能是一个遭受攻击的迹象。

```
-- top 20 proportions of failed attempts where more than 20 attempts total
SELECT a.host, failedAttempts, hostAccessAttempts, failedAttempts / hostAccessAttempts AS percentFailed
FROM TotalHostAttempts a
JOIN FailedHostAttempts b
ON a.host = b.host
WHERE failedAttempts / hostAccessAttempts > 0
AND hostAccessAttempts > 20
ORDER BY percentFailed DESC
LIMIT 20;
Total MapReduce CPU Time Spent: 16 seconds 880 msec
OK
host failedattempts hostaccessattempts percentfailed
221.221.9.60 14.0 50 0.28
41.202.75.35 5.0 26 0.19230769230769232
41.178.112.197 17.0 89 0.19101123595505617
121.205.226.76 63.0 334 0.18862275449101795
114.200.199.144 5.0 27 0.18518518518518517
78.178.233.22 5.0 27 0.18518518518518517
216.24.131.152 12.0 66 0.18181818181818182
68.42.128.66 4.0 22 0.18181818181818182
201.2.78.10 4.0 24 0.16666666666666666
194.141.2.1 4.0 24 0.16666666666666666
194.110.194.1 5.0 30 0.16666666666666666
69.122.96.121 4.0 24 0.16666666666666666
68.117.200.60 4.0 24 0.16666666666666666
76.122.81.132 4.0 25 0.16
79.66.21.60 6.0 38 0.15789473684210525
24.183.197.231 3.0 21 0.14285714285714285
68.193.125.219 4.0 28 0.14285714285714285
149.6.164.150 6.0 43 0.13953488372093023
99.141.88.139 3.0 22 0.13636363636363635
15.203.233.77 3.0 22 0.13636363636363635
Time taken: 65.271 seconds
```

对于那些可能好奇的人们，我们也对 IP 地址为 221.221.9.60 的主机进行了查询并按月和日排序，时间聚合将在本章稍后部分讨论。然而所有失败的请求都源自"404 file not found"的错误，当试图访问"favicon.ico."时，这个错误就重复出现。现代浏览器会自动发送请求，以寻找出现在 URL 左侧的图标，那个被称为网站图标。如果浏览器找不到网站图标，则可能产生一个出错信息，这很可能就是出现这些"404 file not found"错误的原因。深入查询方法采用以下形式"select from by_month where host in('221.221.9.60') order by monthday;"，by_month 视图和月/日字段将在本章后面部分作更详细的讨论。

▶ 机器人程序活动

在服务器日志中可以找到大量的 bot（机器人程序）活动信息，其中大部分是合法的。诸如来自搜索引擎的 bot 可以通过遍历 Internet 来构建索引，例如 Google 和 Microsoft 所部署的那些程序。bot 在代理日志字段中会声明自己为机器人。然而非法 bot 也许会更加隐秘，伪装成合法的 bot 也可能是一种有效的攻击策略。

下一个查询示例中我们会介绍在代理字段中搜索关键词 bot。查询结果将返回一个 bot 代理的列表，以及每个代理的日志条目数的计数。即使bot 是合法的，查看这些服务器上的 bot 活动量也是一件有趣的事。其中一些代理很容易识别，而其他一些代理也许无法识别。因此可能需要进一步的研究来确定它们的来源。

```
-- bot activity
SELECT agent, count(agent) AS hits
FROM apachelog
WHERE agent LIKE '%bot%'
GROUP BY agent
ORDER BY hits DESC;
Total MapReduce CPU Time Spent: 6 seconds 920 msec
OK
agent hits
```

"Mozilla/5.0 (compatible; Googlebot/2.1; + http://www.google.com/
bot.html)" 45528
"msnbot/2.0b (+ http://search.msn.com/msnbot.htm)" 9248
"msnbot/1.1 (+ http://search.msn.com/msnbot.htm)" 8400.
"Mozilla/5.0 (Twiceler – 0.9 http://www.cuil.com/twiceler/robot.
html)" 4571
"Googlebot – Image/1.0" 4543
"Mozilla/5.0 (X11; U; Linux i686; en – US; rv:1.2.1; aggregator:
Spinn3r (Spinn3r 3.1); http://spinn3r.com/robot)
Gecko/20021130" 2431
"Mozilla/5.0 (Windows; U; Windows NT 5.1; fr; rv:1.8.1) VoilaBot
BETA 1.2 (support.voilabot@orange – ftgroup.com)" 382
"OOZBOT/0.20 (http://www.setooz.com/oozbot.html ; agentname at
setooz dot_com)" 169
"Mozilla/5.0 (compatible; Tagoobot/3.0; + http://www.tagoo.ru)" 102
"Mozilla/5.0 (compatible; discobot/1.1; + http://discoveryengine.
com/discobot.
html)" 56
"Mozilla/4.0 (compatible; MSIE 6.0; Windows NT 5.1; SV1;
http://www.changedetection.com/bot.html)" 49
"SAMSUNG – SGH – E250/1.0 Profile/MIDP – 2.0 Configuration/CLDC – 1.1
UP.Browser/6.2.3.3.c.1.101 (GUI) MMP/2.0 (compatible; Googlebot – Mobile/
2.1; + http://www.google.com/bot.html)" 32
"Mozilla/5.0 (compatible; Exabot/3.0; + http://www.exabot.com/go/
robot)" 29
"Gaisbot/3.0 + (robot06@gais.cs.ccu.edu.tw; + http://gais.cs.ccu.edu.
tw/robot.php)" 27
"FollowSite Bot (http://www.followsite.com/bot.html)" 18
"Gigabot/3.0 (http://www.gigablast.com/spider.html)" 13
"MLBot (www.metadatalabs.com/mlbot)" 10
"Mozilla/5.0 (compatible; MJ12bot/v1.2.5; http://www.majestic12.
co.uk/bot.php? +)" 10
"Yeti/1.0 (NHN Corp.; http://help.naver.com/robots/)" 9
"psbot/0.1 (+ http://www.picsearch.com/bot.html)" 8
"Mozilla/5.0 (compatible; seexie.com_bot/4.1; + http://www.seexie.
com)" 6
"Mozilla/5.0 (compatible; Exabot – Images/3.0; + http://www.exabot.
com/go/robot)" 5
"Mozilla/5.0 (compatible; BuzzRankingBot/1.0; + http://www.buzzrankingbot.
com/)" 4

```
"DoCoMo/2.0 N905i(c100;TB;W24H16) (compatible; Googlebot-Mobile/
2.1; +http://www.google.com/bot.html)" 4
Time taken: 23.632 seconds
```

　　我们可以将此查询修改为仅显示由于 bot 代理请求导致客户端请求失败或服务器响应失败的情况。在这种情况下失败请求最多的代理显得非常突出(众所周知如 Google 或 MSN 的 bot 都有非常高的业务量)。其中一些请求显然发生在内部服务器出现错误的时候,由状态码"505"指出服务器出错信息。然而你会看到该查询仅提取最大状态码作为样本。可以对查询方便地进行修改以搜索指定的错误类型,例如搜索"404"码所表示的"文件未找到"错误类型。我们并不了解被加载到示例日志的 bot 威胁。然而 bot 活动或许是值得研究的,因为在某些已知的案例中攻击者试图通过上传 shell 来开发一个 Wordpress 插件。在尝试找到 shell 所在的位置时,攻击者会引发许多"404 文件未找到"的错误。当发生这种情况时这个查询会在一开始查找此类潜在的威胁时很有用。另外监控 bot 活动量以及任何可能引起服务器错误的相关问题也是有用的,即便那些是非恶意的 bot 活动。

```
SELECT agent, count(agent) AS hits, MAX(status) AS sampleStatus
FROM apachelog
WHERE agent LIKE '%bot%'
AND substr(status,1,1) IN ('4','5')
GROUP BY agent
ORDER BY hits DESC
LIMIT 20;
Total MapReduce CPU Time Spent: 7 seconds 190 msec
OK
agent hitssamplestatus
"Mozilla/5.0 (compatible; Googlebot/2.1; +http://www.google.com/
bot.html)"272500
"Mozilla/5.0 (Twiceler-0.9 http://www.cuil.com/twiceler/robot.
html)"225500
"msnbot/2.0b (+http://search.msn.com/msnbot.htm)"88500
"msnbot/1.1 (+http://search.msn.com/msnbot.htm)"82500
"Googlebot-Image/1.0"74500
Time taken: 31.764 seconds
```

▶▶ 时间聚合

　　本节中查询解析服务器日志中的时间字段，以便能够随着时间的推移来评估服务器的活动。在日志文件中出现的时间字段格式为"[20/Jul/2009：20：12：22-0700]"。此示例中第一个数字"20"是日期，后面跟着月份"7"及年份"2009"。在年份后面的是三组以冒号分隔的数字，分别表示小时、分钟和秒。而在横线后面的最后4位数则表示时区。

　　我们使用SUBSTR()函数来查询并解析日、月和年。接下来我们将月份转换为两位数格式并重新组合顺序，使得年份在月份前，月份在日期前面。重新组合的工作是通过CONCAT()函数实现的，它可以将字符串按照所需的顺序连接在一起。这个新的顺序让排序日期变得更容易。如你在示例中所见，查询的结果允许随后的其他查询以年/月/日或它们的任意组合方式更容易地聚合结果。

```
CREATE VIEW IF NOT EXISTS by_month AS
SELECT host, identity, user, time, CASE substr(time,5,3)
WHEN 'Jan' THEN '01'
WHEN 'Feb' THEN '02'
WHEN 'Mar' THEN '03'
WHEN 'Apr' THEN '04'
WHEN 'May' THEN '05'
WHEN 'Jun' THEN '06'
WHEN 'Jul' THEN '07'
WHEN 'Aug' THEN '08'
WHEN 'Sep' THEN '09'
WHEN 'Oct' THEN '10'
WHEN 'Nov' THEN '11'
WHEN 'Dec' THEN '12'
ELSE '00'
END
AS month, substr(time,9,4) AS year, concat(substr(time,9,4), CASE
substr(time,5,3)
WHEN 'Jan' THEN '01'
WHEN 'Feb' THEN '02'
```

```
WHEN 'Mar' THEN '03'
WHEN 'Apr' THEN '04'
WHEN 'May' THEN '05'
WHEN 'Jun' THEN '06'
WHEN 'Jul' THEN '07'
WHEN 'Aug' THEN '08'
WHEN 'Sep' THEN '09'
WHEN 'Oct' THEN '10'
WHEN 'Nov' THEN '11'
WHEN 'Dec' THEN '12'
ELSE '00'
END) AS yearmonth, concat(CASE substr(time,5,3)
WHEN 'Jan' THEN '01'
WHEN 'Feb' THEN '02'
WHEN 'Mar' THEN '03'
WHEN 'Apr' THEN '04'
WHEN 'May' THEN '05'
WHEN 'Jun' THEN '06'
WHEN 'Jul' THEN '07'
WHEN 'Aug' THEN '08'
WHEN 'Sep' THEN '09'
WHEN 'Oct' THEN '10'
WHEN 'Nov' THEN '11'
WHEN 'Dec' THEN '12'
ELSE '00'
END,substr(time,2,2)) AS monthday, request, status, size, referer,
agent
FROM apachelog;
```

我们使用 by_month 查询视图来解析时间列以生成多个新列,如下面运行选择查询所示。现在有一列内容是"月、年、月日和年月"。

```
hive > SELECT time, month, year, monthday, yearmonth FROM by_month
LIMIT 1;
Total MapReduce jobs = 1
Launching Job 1 out of 1
Number of reduce tasks is set to 0 since there's no reduce operator
Starting Job = job_201305061901_0045, Tracking URL = http://localhost.
localdomain:50030/jobdetails.jsp?jobid = job_201305061901_0045 >
Kill Command = /usr/lib/hadoop/bin/hadoop job - kill
```

```
job_201305061901_0045
Hadoop job information for Stage－1: number of mappers: 1; number of
reducers: 0
2013－05－07 13:17:27,444 Stage－1 map ＝ 0％, reduce ＝ 0％
2013－05－07 13:17:31,458 Stage－1 map ＝ 100％, reduce ＝ 0％, Cumulative
CPU 1.36 sec
2013－05－07 13:17:32,464 Stage－1 map ＝ 100％, reduce ＝ 0％, Cumulative
CPU 1.36 sec
2013－05－07 13:17:33,471 Stage－1 map ＝ 100％, reduce ＝ 100％, Cumulative
CPU 1.36 sec
MapReduce Total cumulative CPU time: 1 seconds 360 msec
Ended Job ＝ job_201305061901_0045
MapReduce Jobs Launched:
Job 0: Map: 1 Cumulative CPU: 1.36 sec HDFS Read: 66093 HDFS Write:
490 SUCCESS
Total MapReduce CPU Time Spent: 1 seconds 360 msec
OK
time month year monthday yearmonth
[20/Jul/2009:20:12:22 － 0700] 07 2009 0720 200907
Time taken: 9.398 seconds
```

现在我们可以用这个视图来生成各种时间聚合。我们很乐意分享一些想法，作为后续查询可能的起点。与本章中建议的任何查询一样，如需要，都可以将结果写入本地目录以便进行进一步分析。为此你只需将选定的语句置于下面列出的查询之前。当然，指定的本地目录应更改为与系统上存储结果的目录相匹配。

```
INSERT OVERWRITE LOCAL DIRECTORY '/mnt/hgfs/BigDataAnalytics/Project1/
TopHostFailedLogongsByDay'
```

出于我们的演示目的，这些查询只是将结果写入屏幕并且结果集只限于 10 行。

▶ 每天或每月失败请求最多的主机

接下去我们将使用查询来显示按天和主机分组的失败查询尝试次数。下面所列的查询显示出一天内失败请求数量最多的主机，以及失败发生的日期和月份。如果对于给定的主机(IP)在任意一天内的请求数量都非常多,则表明可能遭到了攻击尝试,例如 DoS 攻击。在这种情况下,由于日志样本没有加载任何已知的 DoS 攻击实例,因此我们看到每天遭遇失败请求计数最高的 IP 主机也往往产生大量的请求。

```
-- Show hosts sorted by frequency of failed calls to server by day
SELECT monthday, host, COUNT(host) AS host_freq
FROM by_month
WHERE substr(status,1,1) IN('4','5')
GROUP BY monthday, host
ORDER BY host_freq DESC
LIMIT 10;
```

你会看到本次查询的结果如下所示。(为了便于阅读,在列之间加入了空格)

```
monthday   host              host_freq
0724       121.205.226.76    57
0807       66.249.67.3       31
0727       66.249.67.3       27
0723       38.99.44.101      27
0724       72.30.142.87      25
0910       66.249.67.3       24
0724       66.249.67.3       24
0927       66.249.67.3       22
0926       66.249.67.3       20
0723       .30.142.87        20
Time taken: 21.697 seconds
```

以下展示的是一个类似查询,它是按月而不是按天来聚合查询结果。

```
-- Show hosts sorted by frequency of failed calls to server by month
SELECT yearmonth, host, COUNT(host) AS host_freq
FROM by_month
WHERE substr(status,1,1) IN('4','5')
GROUP BY yearmonth, host
ORDER BY host_freq DESC
LIMIT 10;
yearmonth   host              host_freq
```

```
200908      66.249.67.3      437
200909      66.249.67.3      433
200909      74.125.74.193    184
200908      64.233.172.17    180
200907      66.249.67.3      178
200909      74.125.16.65     172
200908      72.14.192.65     171
200908      74.125.74.193    169
200908      66.249.67.87     169
200908      74.125.16.65     169
Time taken: 21.694 seconds
```

▶▶ 按月份时间序列呈现的失败请求

接下来我们将检查一个聚合失败请求数量的查询视图，它忽略主机来源并按月和年时间序列聚合。我们保存此查询为视图，以便稍后用来计算失败和成功请求的比例。

```
-- Unsuccessful server calls as a time series by year and month
Create VIEW FailedRequestsTimeSeriesByMonth AS
SELECT yearmonth, COUNT(yearmonth) AS failedrequest_freq
FROM by_month
WHERE substr(status,1,1) IN ('4','5')
GROUP BY yearmonth
ORDER BY yearmonth ASC;
SELECT * FROM FailedRequestsTimeSeriesByMonth;
```

查询结果展示如下。你能看到在 2009 年的 8 月和 9 月失败请求数量都出现峰值。

```
yearmonth    failedrequest_freq
200907       1861
200908       2848
200909       2706
200910       55
Time taken: 23.682 seconds
```

　　一般来说网络业务流量的增长有可能导致了 8 月和 9 月失败请求数量的增加。为了确定这一点,我们可以不带过滤器而运行相同的查询,或者也可以只对成功的请求进行过滤。我们使用下面所列按月份的查询对成功的请求进行总结。

```
-- Successful server calls as a time series by year and month
Create VIEW SuccessfulRequestsTimeSeriesByMonth AS
SELECT yearmonth, COUNT(yearmonth) AS successfulrequest_freq
FROM by_month
WHERE substr(status,1,1) IN('1','2','3')
GROUP BY yearmonth
ORDER BY yearmonth ASC;
SELECT * FROM SuccessfulRequestsTimeSeriesByMonth;
```

　　根据下面查询的结果,我们可以看到,成功请求的数量确实在 8 月和 9 月大幅上升。因此这些月份的失败请求数量很可能与整体请求量上升的情况保持一致。接下来我们会核查这个假设。

```
yearmonth       failedrequest_freq
200907          57972
200908          88821
200909          83185
200910          1902
Time taken: 21.619 seconds
```

▶ 时间序列上失败请求相对于成功请求的比例

　　根据成功请求的数量来看看失败请求的数量是否确实与我们所预期的成正比,我们使用下面的查询来计算失败请求与成功请求的比例。使用 JOIN 语句来整合上述两个视图。

```
SELECT a.yearmonth, failedrequest_freq / successfulrequest_freq AS
failratio
FROM FailedRequestsTimeSeries a
JOIN SuccessfulRequestsTimeSeries b
ON a.yearmonth = b.yearmonth
```

```
ORDER BY yearmonth ASC;
yearmonth    failratio
200907       0.03210170427102739
200908       0.03206448925366749
200909       0.032529903227745384
200910       0.028916929547844375
Time taken: 66.867 seconds
```

我们注意到这个比例每个月都保持在 0.03 左右不变。这表明在获得成功请求数量的情况下，每个月的失败请求数量是我们可以预知的。

当然我们也可以运行一个按天的查询，同样可以揭示那些可能在每月聚合中被掩盖的活动。我们使用下面的查询，它将年月日组合成一个可以排序的单一字符串，例如"20090720"的格式，其中前四位数表示月份，接下来的两位数字表示月份，最后两位数字表示天。

```
-- enable the creation of a time series by day over multiple years
and months
CREATE VIEW by_day AS
SELECT host, identity, user, time, concat(year, monthday) AS
yearmonthday,
request, status, size, referer, agent
FROM by_month;
SELECT * FROM by_day LIMIT 10;
```

我们的查询结果如下所示，且给出视图的前 10 行。我们能看到现在有一个以期望的格式 yearmonthday 表示的字段，可以在多个年份和月份中按天进行聚合和排序。

```
host identity user time yearmonthday request status size referer agent
66.249.67.3 - - [20/Jul/2009:20:12:22 - 0700] 20090720 "GET /
gallery/main.php?g2_controller = exif.SwitchDetailMode&g2_mode = -
detailed&g2_return = % 2Fgallery % 2Fmain.php % 3Fg2_itemId % 3D15741&g2_
returnName = photo HTTP/1.1"302 5 "-" "Mozilla/5.0 (compatible;
Googlebot/2.1; +>http://www.google.com/bot.html)
66.249.67.3 - - [20/Jul/2009:20:12:25 - 0700] 20090720 "GET /gallery/
main.php?g2_itemId = 15741&g2_fromNavId = x8fa12efc HTTP/1.1" 200 8068
"-" "Mozilla/5.0 (compatible; Googlebot/2.1; +>http://www.google.
```

com/bot.html)

64.233.172.17 - - [20/Jul/2009:20:12:26 - 0700] 20090720 "GET /gwidgets/
alexa.xml HTTP/1.1" 200 2969 " - " "Mozilla/5.0 (compatible)
Feedfetcher - Google; (+ > http://www.google.com/feedfetcher.html)
74.125.74.193 - - [20/Jul/2009:20:13:01 - 0700] 20090720 "GET /gwidgets/
alexa.xml HTTP/1.1" 200 2969 " - " "Mozilla/5.0 (compatible)
Feedfetcher - Google; (+ > http://www.google.com/feedfetcher.html)
192.168.1.198 - - [20/Jul/2009:20:13:18 - 0700] 20090720 "GET /
HTTP/1.1" 200 17935 " - " "Mozilla/5.0 (Macintosh; U; Intel Mac OS X
10_5_7; en - us) AppleWebKit/530.17 (KHTML, like Gecko) Version/4.0
Safari/530.17"
192.168.1.198 - - [20/Jul/2009:20:13:18 - 0700] 20090720 "GET /
style.css HTTP/1.1" 200 1504 "http://example.org/" "Mozilla/5.0
(Macintosh; U; Intel Mac OS X 10_5_7; en - us) AppleWebKit/530.17
(KHTML, like Gecko) Version/4.0 Safari/530.17"
192.168.1.198 - - [20/Jul/2009:20:13:19 - 0700] 20090720 "GET
/favicon.
ico HTTP/1.1" 404 146 "http://example.org/" "Mozilla/5.0
(Macintosh; U; Intel Mac OS X 10_5_7; en - us) AppleWebKit/530.17
(KHTML, like Gecko) Version/4.0 Safari/530.17"
66.249.67.3 - - [20/Jul/2009:20:13:21 - 0700] 20090720 "GET /
gallery/main.php?g2_controller = exif.SwitchDetailMode&g2_mode = -
detailed&g2_return = % 2Fgallery % 2Fmain.php % 3Fg2_itemId % 3D30893&g2_
returnName = photo HTTP/1.1"302 5 " - " "Mozilla/5.0 (compatible;
Googlebot/2.1; + > http://www.google.com/bot.html)
66.249.67.3 - - [20/Jul/2009:20:13:24 - 0700] 20090720 "GET /gallery/
main.php?g2_itemId = 30893&g2_fromNavId = xfc647d65 HTTP/1.1" 200 8196
" - " "Mozilla/5.0 (compatible; Googlebot/2.1; + > http://www.google.
com/bot.html)
66.249.67.3 - - [20/Jul/2009:20:13:29 - 0700] 20090720 "GET /
gallery/main.php?g2_view = search.SearchScan&g2_form % 5BuseDefaultSettings %
5D = 1&g2_return = % 2Fgallery % 2Fmain.php % 3Fg2_
itemId % 3D15789&g2_returnName = photo HTTP/1.1" 200 6360 " - "
"Mozilla/5.0 (compatible; Googlebot/2.1; + > http://www.google.com/
bot.html)
Time taken: 9.102 seconds

你会看到,结合下面显示的两个附加视图,便可在若干月份和年份时期范围内的服务器日志中利用这些结果按天计算失败请求与成功请求的比例。

```
-- Unsuccessful server calls as a time series by year, month, and
day
Create VIEW FailedRequestsTimeSeriesByDay AS
SELECT yearmonthday, COUNT(yearmonthday) AS failedrequest_freq
FROM by_day
WHERE substr(status,1,1) IN('4','5')
GROUP BY yearmonthday
ORDER BY yearmonthday ASC;
 -- Successful server calls as a time series by year, month, and day
Create VIEW SuccessfulRequestsTimeSeriesByDay AS
SELECT yearmonthday, COUNT(yearmonthday) AS successfulrequest_freq
FROM by_day
WHERE substr(status,1,1) IN('1','2','3')
GROUP BY yearmonthday
ORDER BY yearmonthday ASC;
```

最后你会看到在下面的查询中加入了这两个视图，以生成按天统计失败对成功请求的比例。

```
-- Calculate ratio of failed to successful requests by year, month,
and day
SELECT a.yearmonthday, a.failedrequest_freq / b.successfulrequest_
freq AS failratio
FROM FailedRequestsTimeSeriesByDay a
JOIN SuccessfulRequestsTimeSeriesByDay b
ON a.yearmonthday = b.yearmonthday
ORDER BY yearmonthday ASC;
```

以下显示了我们查询请求的结果。

yearmonthday	failratio
20090720	0.023759608665269043
20090721	0.024037482175595846
20090722	0.029298848252172157
20090723	0.032535684298908484
20090724	0.04544235924932976
20090725	0.030345800988002825
20090726	0.031446540880503145

20090727	0.03494060097833683
20090728	0.031545741324921134
20090729	0.03138373751783167
20090730	0.03590285110876452
20090731	0.034519956850053934
20090801	0.024278676988036593
20090802	0.0297029702970297
20090803	0.0314026517794836
20090804	0.030692362598144184
20090805	0.039501779359430604
20090806	0.030526315789473683
20090807	0.03762418093426337
20090808	0.029632274187790075
20090809	0.029971791255289138
20090810	0.03563941299790356
20090811	0.036671368124118475
20090812	0.03349788434414669
20090813	0.03076923076923077
20090814	0.031578947368421054
20090815	0.03191862504384427
20090816	0.03364550815123136
20090817	0.029210241615578794
20090818	0.030576789437109102
20090819	0.033402922755741124
20090820	0.034220532319391636
20090821	0.032474408753971055
20090822	0.03897944720056697
20090823	0.029098651525904896
20090824	0.028070175438596492
20090825	0.02638058389025677
20090826	0.029650547123190964
20090827	0.029627047751829907
20090828	0.039628704034273474
20090829	0.035426166257453526
20090830	0.02492102492102492
20090831	0.032418952618453865
20090901	0.02949438202247191
20090902	0.032688927943760986
20090903	0.028690662493479395
20090904	0.029954719609892023

```
20090905        0.02907180385288967
20090906        0.031042901988140914
20090907        0.03449477351916376
20090908        0.035181236673773986
20090909        0.037141846480367884
20090910        0.03450679679330777
20090911        0.03566433566433566
20090912        0.031282952548330405
20090913        0.030218825981243487
20090914        0.03377437325905292
20090915        0.025804171085189113
20090916        0.030892051371051717
20090917        0.030978934324659233
20090918        0.028441011235955056
20090919        0.02912280701754386
20090920        0.027392510402219142
20090921        0.03273381294964029
20090922        0.031751570132588974
20090923        0.03167898627243928
20090924        0.03349964362081254
20090925        0.0420377627360171
20090926        0.03863716192483316
20090927        0.0328042328042328
20090928        0.040757954951734
20090929        0.030975008799718408
20090930        0.03368794326241135
20091001        0.028916929547844375
Time taken: 68.21 seconds
```

我们还可以在程序中导出并分析报告，例如使用 R、Excel 或 SAS。把数据按时间序列聚合是一种将大数据转换为小数据的方法，以便利用更传统的工具进行分析。使用 INSERT OVERWRITE LOCAL DIRECTORY 命令重新运行最后一个查询并将结果导出做进一步分析。接下来我们展示 Hive 的输入。鉴于数据规模的大小，我们将省略大部分的输出。在使用此命令之前，你应该意识到目标文件夹中已存在的所有文件将被覆盖。避免文件夹被覆盖的一个好方法是在位置地址字符串 FailedRequestsBy-Day 的末尾提供一个新的文件夹名。另外值得注意的是在另一个查询中调用视图时，当前的视图查询会重新运行，这不但延长了运行时间而且增加了命令行输出的冗长度。

```
hive > INSERT OVERWRITE LOCAL DIRECTORY '/mnt/hgfs/BigDataAnalytics/
Project1/FailedRequestsByDay'
> SELECT a. yearmonthday
> , a. failedrequest_freq / b. successfulrequest_freq AS failratio
> FROM FailedRequestsTimeSeriesByDay a
> JOIN SuccessfulRequestsTimeSeriesByDay b
> ON a. yearmonthday = b. yearmonthday
> ORDER BY yearmonthday ASC;
Total MapReduce jobs = 6
Launching Job 1 out of 6
Number of reduce tasks not specified. Estimated from input data
size: 1
…
Total MapReduce CPU Time Spent: 18 seconds 800 msec
OK
```

如你所见，输出文件很容易导入到 R 语言中。甚至可以指定 Hive 中使用的标准分隔符，实际上这个分隔符（以图形形式显示为＾A）非常有用。与逗号或其他典型的分隔符不同，大多数数据不太可能包含 Hive 的标准分隔符，这当然是 Hive 开发人员为何选择使用这个分隔符的原因。

其次，下面的代码片显示了一些 R 代码，用于导入数据并执行简单的控制限制测试，从而查看哪些天的失败对成功请求比例超过了阈值。阈值定义为平均值加上两倍的标准偏差。

```
> rm( list = ls()) # Remove any objects
>
> library(fBasics)
>
> # Import failed requests file, using standard delimeter in Hive
> failedRequests <- read.table("FailedRequestsByDay.txt", sep = "")
>
> # Add column headings
```

```
> colnames(failedRequests) <- c("Date","FailedRequestsRatio")
> stdev <- sd(failedRequests $ FailedRequestsRatio) # calculate the
standard deviation
> avg <- mean(failedRequests $ FailedRequestsRatio) # calculate the
average
> avgPlus2Stdev <- avg + 2 * stdev # mean plus 2 standard deviations
>
> # Identify the days that had failed requestsin excess of 2X the
standard deviation
> failedRequests[failedRequests[,2]> avgPlus2Stdev, ]
Date FailedRequestsRatio
5 20090724 0.04544236
68 20090925 0.04203776
71 20090928 0.04075795
>
> # Produce a plot and save it as a PDF
> pdf("PlotOfFailedRequestRatioSeries.pdf")
> plot(failedRequests[,2],type = 'l',main = "Ratio of Failed Server
Requests to Successful Requests by Day"
+ ,xlab = "Day",ylab = "Ratio of Failed Requests to Successful Requests")
> lines(rep(avg,length(failedRequests[,2])))
> lines(rep(avgPlus2Stdev,length(failedRequests[,2])),lty = 2)
> legend("topright",c("Average","2 X Standard Deviation"),
lty = c(1,2))
> dev.off()
null device 1
>
> # Create autocorrelation plot to test for seasonality or other
autocorrelation effects
> pdf("FaileRequestsAutoCorrelation.pdf")
> acfPlot(failedRequests[,2],lag.max = 60)
> dev.off()
null device 1
```

　　在下面的摘录中，我们可以看到，发生超过阈值的事件有三次：2009 年 7 月 24 日；2009 年 9 月 25 日和 2009 年 9 月 28 日。

```
    Date      FailedRequestsRatio
5   20090724  0.04544236
```

68　　20090925　0.04203776
71　　20090928　0.04075795

控制图如图 3.1 所示。

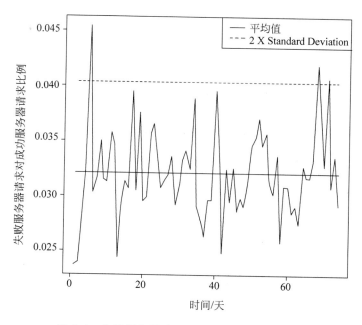

图 3.1　失败服务器请求对成功服务器请求比例

　　因为有些变化可能是由于季节性或其他原因引起的，所以作为 fBasics 包的一部分，需要对 acf-Plot( )函数进行自相关分析。然而会看到在结果图 （如图 3.2 所示）里并没有显示出季节性影响的迹象。图中最高且唯一具有 统计学上意义的数据柱在时间轴上的 0 滞后点。出现在虚线上方的任何数 据柱都显示出在该滞后点处具有统计学意义的自相关效应。

　　我们只是建议这个作为一个起点来展示一个组织、聚合和排序时间域 的手段。进一步的解析也可以在小时、分钟和秒钟级别中完成。Hive 输出 可以与其他工具一起协同使用，以提供数据的可视化以及执行 Hadoop、 MapReduce 环境中通常不支持的分析工作。

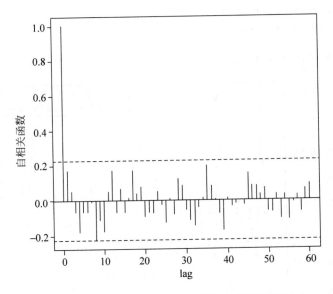

图 3.2　测试时间序列中的自相关效应，例如季节性的

▶ 用于产生分析数据集的 Hive

　　我们使用"状态组"视图对本文档的开头部分进行回顾，并生成可用于其他工具分析的分析数据集。例如，运行逻辑回归来确定是否可以在可能预测请求失败或成功的变量之中找到任何模式（由状态代码指示）。然而太多的分类变量分布在过多维度上以至于得不到任何明显有意义的结果。在这里我们重现方法和结果主要是作为练习。

　　我们通过使用以下 Hive 代码创建分析数据集，该代码调用视图并将数据导出到本地目录。

```
INSERT OVERWRITE LOCAL DIRECTORY '/mnt/hgfs/BigDataAnalytics/Project1/
ApacheLog'
SELECT * FROM statusgroupings;
```

　　我们用 Mahout 运行逻辑回归。虽然 Hive 的标准分隔符"＾A"可用于许多数据集和分析工具（如 R），Mahout 则推荐采用传统 CSV 数据格式并以逗号作为分隔符。可以在运行以上导出的代码段之前使用 Hive 命令"set hive.io.output.fileformat ＝ CSVTextFile"来指定 CSV 格式。然而看起来这对每个人并不总是有用,也许取决于所使用的环境。除此之外,可以用标准的 UNIX 命令行应用程序(如 AWK 或 SED)或编辑器(如 Emacs 或 Vi)执行分隔符的"查找和替换"工作。

下面的逻辑回归仅仅是尝试确定主机之间是否存在关系,以及它们是否趋向产生成功或失败的请求。

以下是我们使用的 Mahout 命令。

```
/usr/bin/mahout trainlogistic \
-- input statusgroupings.csv \
-- output ./model \
-- target failedaccess \
-- categories 2 \
-- predictors host \
-- types word \
-- features 50 \
-- passes 20 \
-- rate 50
```

完整的命令行输出太长,无法在这里列出。然而其部分段落如下所示。顺便说明一下,术语 failedaccess 是指要预测的变量名称,而不是错误消息。

```
[cloudera@localhost Project1] $ /usr/bin/mahout trainlogistic \
> -- input statusgroupings.csv \
> -- output ./model \
> -- target failedaccess \
> -- categories 2 \
> -- predictors host identity user \
> -- types word \
> -- features 50 \
> -- passes 20 \
> -- rate 50
MAHOUT_LOCAL is not set; adding HADOOP_CONF_DIR to classpath.
Running on hadoop, using /usr/lib/hadoop/bin/hadoop and HADOOP_
CONF_DIR = /etc/hadoop/conf
MAHOUT-JOB: /usr/lib/mahout/mahout-examples-0.7-cdh4.2.0-job.jar
```

```
50
failedaccess∼ − 3.757 * Intercept Term + − 19.927 * host = 112.200.11.174
+ − 18.807 * host = 112.200.200.192 + …
…
Intercept Term − 3.75710
host = 112.200.11.174 − 19.92741
host = 112.200.200.192 − 18.80668
host = 112.202.3.173 − 0.08841
host = 112.202.43.173 1.03845
host = 114.111.36.26 0.33822
host = 114.127.246.36 3.49805
host = 114.200.199.144 0.47374
host = 114.39.145.56 − 3.32575
…
13/05/07 18:28:30 INFO driver.MahoutDriver: Program took 70195 ms
(Minutes: 1.1699166666666667)
```

接下来我们将主机的长列表及其各自的系数复制到电子表格程序中，用于一些快速的可视化工作。图 3.3 中显示了几个顶端主机如何趋向推动请求失败的负面预测。换句话说，一些主机与那些一贯成功的请求有着密切的联系。在图的右侧，渐变的斜率表明可能与失败请求相关联的主机的预测潜力较小。横轴上的数字是索引号，每个数字代表一个主机。

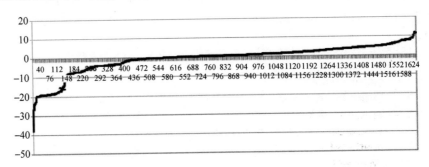

图 3.3 每个主机的逻辑回归系数

这些结果并不令人惊讶，除了添加到其中的几个单独攻击案例之外，我们已经知道这个数据集并没有展示出强大的攻击模式。如果我们有一个包含一系列导致攻击事件的数据集，那么确实可能会有一些主机可以被失败请求所表征。然而,由失败请求数量排序的顶级主机列表如果可以早点生成也能够揭示这一点。如果我们有大量已被明确识别的破坏事件,那么逻辑回归和其他分类器可能会证明更有用。不过,本练习显示了 Hive 如何用于生成适用于其他工具的分析数据集,如 Mahout。

■ 其他潜在分析数据集: 无栈状态编码

你会看到一些需要分类的分析工具和方法被拆散。也就是说,列中的每个类别必须被转换成它自己的单独列。每个新类别列对于该类别适用的每一行包含数字 1,否则为零。将分类数据以这种方式转换成列有时被称为创建虚变量。这样做可以方便地将分类变量变成数值变量。

以下代码用这种方式来拆分类别代码。这里的想法是,这些状态代码中的每一个都可能具有预测潜力。例如,我们可在一段时间内进行互相关计算,以查看特定主机是否有一些失败的请求,这些请求预示着以后的一连串成功。或者,失败的请求也可能发生在传输大容量文件之前。以下是可作为这样一种分析起点的 Hive 代码。

```
-- Unstack status codes into individual columns, create date fields,
and show all other columns as well
CREATE VIEW IF NOT EXISTS unstacked_status_codes AS
SELECT host, identity, user, time, CASE substr(time,5,3)
WHEN 'Jan' THEN '01'
WHEN 'Feb' THEN '02'
WHEN 'Mar' THEN '03'
WHEN 'Apr' THEN '04'
WHEN 'May' THEN '05'
WHEN 'Jun' THEN '06'
WHEN 'Jul' THEN '07'
WHEN 'Aug' THEN '08'
WHEN 'Sep' THEN '09'
WHEN 'Oct' THEN '10'
WHEN 'Nov' THEN '11'
WHEN 'Dec' THEN '12'
ELSE '00'
```

```
END
AS month, substr(time,9,4) AS year, concat(substr(time,9,4), CASE
substr(time,5,3) WHEN 'Jan' THEN '01'
WHEN 'Feb' THEN '02'
WHEN 'Mar' THEN '03'
WHEN 'Apr' THEN '04'
WHEN 'May' THEN '05'
WHEN 'Jun' THEN '06'
WHEN 'Jul' THEN '07'
WHEN 'Aug' THEN '08'
WHEN 'Sep' THEN '09'
WHEN 'Oct' THEN '10'
WHEN 'Nov' THEN '11'
WHEN 'Dec' THEN '12'
ELSE '00'
END) AS yearmonth, concat(CASE substr(time,5,3)
WHEN 'Jan' THEN '01'
WHEN 'Feb' THEN '02'
WHEN 'Mar' THEN '03'
WHEN 'Apr' THEN '04'
WHEN 'May' THEN '05'
WHEN 'Jun' THEN '06'
WHEN 'Jul' THEN '07'
WHEN 'Aug' THEN '08'
WHEN 'Sep' THEN '09'
WHEN 'Oct' THEN '10'
WHEN 'Nov' THEN '11'
WHEN 'Dec' THEN '12'
ELSE '00'
END, substr(time,2,2)) AS monthday, request, CASE status WHEN '100'
THEN 1 ELSE 0 END AS 100Continue, CASE status WHEN '101' THEN 1
ELSE 0 END AS 101SwitchingProtocols, CASE status WHEN '102' THEN 1
ELSE 0 END AS 102Processing, CASE status WHEN '200' THEN 1 ELSE 0
END AS 200OK, CASE status WHEN '201' THEN 1 ELSE 0 END AS 201Created,
CASE status WHEN '202' THEN 1 ELSE 0 END AS 202Accepted, CASE
status WHEN '203' THEN 1 ELSE 0 END AS 203NonAuthoritativeInformation,
CASE status WHEN '204' THEN 1 ELSE 0 END AS 204NoContent, CASE
status WHEN '205' THEN 1 ELSE 0 END AS 205ResetContent, CASE status
WHEN '206' THEN 1 ELSE 0 END AS 206PartialContent, CASE status WHEN
'207' THEN 1 ELSE 0 END AS 207MultiStatus, CASE status WHEN '208'
THEN 1 ELSE 0 END AS 208AlreadyReported, CASE status WHEN '226' THEN
1 ELSE 0 END AS 226IMUsed, CASE status WHEN '300' THEN 1 ELSE 0 END
AS 300MultipleChoices, CASE status WHEN '301' THEN 1 ELSE 0 END AS
```

301MovedPermanently, CASE status WHEN '302' THEN 1 ELSE 0 END AS 302Found, CASE status WHEN '303' THEN 1 ELSE 0 END AS 303SeeOther, CASE status WHEN '304' THEN 1 ELSE 0 END AS 304NotModified, CASE status WHEN '305' THEN 1 ELSE 0 END AS 305UseProxy, CASE status WHEN '306' THEN 1 ELSE 0 END AS 306SwitchProxy, CASE status WHEN '307' THEN 1 ELSE 0 END AS 307TemporaryRedirect, CASE status WHEN '308' THEN 1 ELSE 0 END AS 308PermanentRedirect, CASE status WHEN '400' THEN 1 ELSE 0 END AS 400BadRequest, CASE status WHEN '401' THEN 1 ELSE 0 END AS 401Unauthorized, CASE status WHEN '402' THEN 1 ELSE 0 END AS 402PaymentRequired, CASE status WHEN '403' THEN 1 ELSE 0 END AS 403Forbidden, CASE status WHEN '404' THEN 1 ELSE 0 END AS 404Not-Found, CASE status WHEN '405' THEN 1 ELSE 0 END AS 405MethodNotAllowed, CASE status WHEN '406' THEN 1 ELSE 0 END AS 406NotAcceptable, CASE status WHEN '407' THEN 1 ELSE 0 END AS 407ProxyAuthentication-Required, CASE status WHEN '408' THEN 1 ELSE 0 END AS 408RequestTimeout, CASE status WHEN '409' THEN 1 ELSE 0 END AS 409Conflict, CASE status WHEN '410' THEN 1 ELSE 0 END AS 410Gone, CASE status WHEN '411' THEN 1 ELSE 0 END AS 411LengthRequired, CASE status WHEN '412' THEN 1 ELSE 0 END AS 412PreconditionFailed, CASE status WHEN '413' THEN 1 ELSE 0 END AS 413RequestEntityTooLarge, CASE status WHEN '414' THEN 1 ELSE 0 END AS 414RequestUriTooLong, CASE status WHEN '415' THEN 1 ELSE 0 END AS 415UnsupportedMediaType, CASE status WHEN '416' THEN 1 ELSE 0 END AS 416RequestedRangeNotSatisfiable, CASE status WHEN '417' THEN 1 ELSE 0 END AS 417ExpectationFailed, CASE status WHEN '418' THEN 1 ELSE 0 END AS 418ImATeapot, CASE status WHEN '420' THEN 1 ELSE 0 END AS 420EnhanceYourCalm, CASE status WHEN '422' THEN 1 ELSE 0 END AS 422UnprocessableEntity, CASE status WHEN '423' THEN 1 ELSE 0 END AS 423Locked, CASE status WHEN '424' THEN 1 ELSE 0 END AS 424FailedDependency, CASE status WHEN '424' THEN 1 ELSE 0 END AS 424MethodFailure, CASE status WHEN '425' THEN 1 ELSE 0 END AS 425UnorderedCollection, CASE status WHEN '426' THEN 1 ELSE 0 END AS 426UpgradeRequired, CASE status WHEN '428' THEN 1 ELSE 0 END AS 428PreconditionRequired, CASE status WHEN '429' THEN 1 ELSE 0 END AS 429TooManyRequests, CASE status WHEN '431' THEN 1 ELSE 0 END AS 431RequestHeaderFieldsTooLarge, CASE status WHEN '444' THEN 1 ELSE 0 END AS 444NoResponse, CASE status WHEN '449' THEN 1 ELSE 0 END AS 449RetryWith, CASE status WHEN '450' THEN 1 ELSE 0 END AS 450BlockedByWindowsParentalControls, CASE status WHEN '451' THEN 1 ELSE 0 END AS 451UnavailableForLegalReasonsOrRedirect, CASE status WHEN '494' THEN 1 ELSE 0 END AS 494RequestHeaderTooLarge, CASE

```
status WHEN '495' THEN 1 ELSE 0 END AS 495CertError, CASE status
WHEN '496' THEN 1 ELSE 0 END AS 496NoCert, CASE status WHEN '497'
THEN 1 ELSE 0 END AS 497HttpToHttps, CASE status WHEN '499' THEN 1
ELSE 0 END AS 499ClientClosedRequest, CASE status WHEN '500' THEN
1 ELSE 0 END AS 500InternalServerError, CASE status WHEN '501' THEN
1 ELSE 0 END AS 501NotImplemented, CASE status WHEN '502' THEN 1
ELSE 0 END AS 502BadGateway, CASE status WHEN '503' THEN 1 ELSE 0
END AS 503ServiceUnavailable, CASE status WHEN '504' THEN 1 ELSE 0
END AS 504GatewayTimeout, CASE status WHEN '505' THEN 1 ELSE 0 END
AS 505HttpVersionNotSupported, CASE status WHEN '506' THEN 1 ELSE 0
END AS 506VariantAlsoNegotiates, CASE status WHEN '507' THEN 1 ELSE
0 END AS 507InsufficientStorage, CASE status WHEN '508' THEN 1 ELSE
0 END AS 508LoopDetected, CASE status WHEN '509' THEN 1 ELSE 0 END
AS 509BandwidthLimitExceeded, CASE status WHEN '510' THEN 1 ELSE 0
END AS 510NotExtended, CASE status WHEN '511' THEN 1 ELSE 0 END AS
511NetworkAuthenticationRequired, CASE status WHEN '598' THEN 1 ELSE
0 END AS 598NetworkReadTimeoutError, CASE status WHEN '599' THEN 1
ELSE 0 END AS 599NetworkConnectTimeoutError, size, referer, agent
FROM apachelog;
```

如你所见，创建视图的输出显示出了所有这些变量都已创建。

```
OK
host identity user time month year yearmonth monthday
request 100continue 101switchingprotocols
102processing 200ok 201created 202accepted
203nonauthoritativeinformation 204nocontent
205resetcontent 206partialcontent 207multistatus
208alreadyreported 226imused 300multiplechoices
301movedpermanently 302found 303seeother 304notmodified
305useproxy 306switchproxy 307temporaryredirect
308permanentredirect 400badrequest 401unauthorized
402paymentrequired 403forbidden 404notfound
405methodnotallowed 406notacceptable
407proxyauthenticationrequired 408requesttimeout
409conflict 410gone 411lengthrequired
412preconditionfailed 413requestentitytoolarge
414requesturitoolong 415unsupportedmediatype
416requestedrangenotsatisfiable 417expectationfailed
418imateapot 420enhanceyourcalm 422unprocessableentity
```

```
423locked 424faileddependency 424methodfailure
425unorderedcollection 426upgraderequired
428preconditionrequired 429toomanyrequests
431requestheaderfieldstoolarge 444noresponse
449retrywith 450blockedbywindowsparentalcontrols
451unavailableforlegalreasonsorredirect
494requestheadertoolarge 495certerror 496nocert
497httptohttps 499clientclosedrequest
500internalservererror 501notimplemented 502badgateway
503serviceunavailable 504gatewaytimeout
505httpversionnotsupported 506variantalsonegotiates
507insufficientstorage 508loopdetected
509bandwidthlimitexceeded 510notextended
511networkauthenticationrequired
598networkreadtimeouterror
599networkconnecttimeouterrorsize referer agent
Time taken: 2.128 seconds
```

　　然后我们将结果作为输出发送到文本文件,以便能够使用外部工具进行进一步分析,这些是基于假设你作为分析人员并且在计算机上具有足够的内存。如果没有,则需要使用 Hive 做进一步聚合,或者可按日期对所有状态码进行分组计数。我们使用以下命令导出文件。

```
INSERT OVERWRITE LOCAL DIRECTORY '/mnt/hgfs/BigDataAnalytics/Project1/
UnstackedStatusCodes'
SELECT count()
FROM unstacked_status_codes;
```

　　我们提供了输出的第一行。会看到虽然这个输出可能看起来像一个表格,但它是被折叠的一个单一宽行。

```
66.249.67.3 - - [20/Jul/2009:20:12:22 -0700] 07 2009 200907
0720 "GET /gallery/main.php?g2_controller = exif.SwitchDetailMode&
g2_mode = detailed&g2_return = % 2Fgallery % 2Fmain.php % 3Fg2_
itemId % 3D15741&g2_returnName = photo HTTP/1.1" 0 0 0 0 0 0 0 0 0 0
0 0 0 0 0 1 0 0 0 0 0 0 0 0 0 0 0 0 0 0 0 0 0 0 0 0 0 0 0 0 0 0 0 0
0 0 0 0 0 0 0 0 0 0 0 0 0 0 0 0 0 0 0 0 0 0 0 0 0 0 0 0 0 0 0 0 5 " - "
"Mozilla/5.0 (compatible; Googlebot/2.1; + > http://www.google.com/
bot.html)
```

我们应该看到只有一个数字 1，所有其他状态类别为零。由于这是我们发现的，看来我们的查询是成功的。

其他适用安全范畴和场景

虽然这些示例涉及服务器日志，但是相同的方法也可以应用于来自其他系统源数据的取证分析。例如从网络流量中采集的数据，类似来自路由器上的日志文件数据，也可以累积到非常大的数量。大数据工具和分析方法也可类似地被证明同样适用于这些场景。

分析其他类型日志文件的主要挑战之一是解析所有的文本数据。分析人员可能会遇到数量庞大的各样文件格式。通常使用正则表达式解析这些文件，如本章开头所示。可是编写正则表达式是一项众所周知的挑战，常常需要大量的耐心和反复的试验-试错。但请不要放弃。大多数常见的服务器日志类型有很多示例，可以从最喜欢的 Web 搜索引擎获得。可以从一个示例开始，调整它并改编成指定的格式。使用正则表达式编辑工具也是有帮助的。互联网上有许多可供选择，其中很多都是免费的。其中一个受到许多分析人员青睐的工具是 www.regexr.com。

从头开始编写正则表达式的另一个选择是尝试利用解析工具。一种运行在 Windows 操作系统上的流行工具是 Microsoft 的 Log Parser。可是不要指望它能提供一个友好的图形界面，因为 Log Parser 是基于命令行操作的。评估所有可能的解析工具超出了本书的范围。但是除了大量现成可用的之外，新的工具也在持续地开发着。

当然，日志文件不是可用于分析的唯一数据源。例如，电子邮件和网络流量嗅探器也可以提供安全相关且有价值的数据。许多相同的技术一样地可应用于服务器日志。例如，电子邮件消息具有可被解析、存储和查询的各种组件，如收件人、发件人、日期戳等。网络嗅探器的输出也可以这样说。然而电子邮件消息往往在主体部分中存在大量的非结构化数据，这需要与本章讨论有所不同的一些分析方法。文本挖掘技术对非结构化数据特别有用。我们将在第6章中涵盖一些文本挖掘技术。

综述

Hive 为分析大量服务器日志数据提供了非常有用的框架。由于攻击向量如此多样化，可以实时进行深入挖掘和临时分析的灵活工具是非常有用的。此外把收集各种查询和分析常见的攻击向量的不同方法作为起点也是有用的。我们希望这里提供的想法可以作为进一步创造和研究这一主题的催化剂。

延伸阅读

Analyze Log Data with Apache Hive，Windows PowerShell，and Amazon EMR：Articles & Tutorials：Amazon Web Services. http://aws. amazon. com/articles/3681655242374956(accessed 17.04.13.).

Apache Log Analysis with Hadoop，Hive and HBase. https://gist. github. com/emk/1556097(accessed 17.04.13.).

Analyze Log Data with Apache Hive，Windows PowerShell，and Amazon EMR：Articles & Tutorials：Amazon Web Services. http://aws. amazon. com/articles/3681655242374956(accessed 06.05.13.).

Analyzing Apache Logs with Hadoop Map/Reduce. | Rajvish. http://rajvish. wordpress. com/2012/04/30/analyzing-apache-logs-with-hadoop-mapreduce/(accessed 17.04.13.).

Apache Log Analysis with Hadoop，Hive and HBase. https://gist. github. com/emk/1556097(accessed 17.04.13.).

Apache Log Analysis Using Pig：Articles & Tutorials：Amazon Web Services. http://aws. amazon. com/code/Elastic-MapReduce/2728（accessed

17.04.13.）.

Blind-sqli-regexp-attack. pdf. http：//www. ihteam. net/papers/blind-sqli-regexp-attack. pdf（accessed 07.05.13.）.

Devi，T. Hive and Hadoop for Data Analytics on Large Web Logs. May 8，2012. http：//www. devx. com/Java/Article/48100.

Exploring Apache Log Files Using Hive and Hadoop ｜ Johnandcailin. http：//www. johnandcailin. com/blog/cailin/exploring-apache-log-files-using-hive-and-hadoop（accessed 17.04.13.）.

Fingerprinting Port80 Attacks：A Look into Web Server，and Web Application Attack Signatures：

Part Two. http：//www. cgisecurity. com/fingerprinting-port80-attacks-a-look-into-web-serverand-web-application-attack-signatures-part-two. html（accessed 08.05.13.）.

Googlebot Makes an Appearance in Web Analytics Reports. http：//searchengineland. com/is-googlebot-skewing-google-analytics-data-22313（accessed 05.05.13.）.

［＃ HIVE-662］Add a Method to Parse Apache Weblogs- ASF JIRA. https：//issues. apache. org/jira/browse/HIVE-662（accessed 17.04.13.）.

IBM Security Intelligence with Big Data. http：//www-03. ibm. com/security/solution/intelligencebig-data/（accessed 20.04.13.）.

Intro to Mahout- DC Hadoop. http：//www. slideshare. net/gsingers/intro-to-mahout-dc-hadoop（accessed 06.05.13.）.

Kick Start Hadoop：Analyzing Apache Logs with Pig. http：//kickstarthadoop. blogspot. com/2011/06/analyzing-apache-logs-with-pig. html（accessed 17.04.13.）.

LAthesis. pdf - Fry ＿ MASc ＿ F2011. pdf. http：//spectrum. library. concordia. ca/7769/1/Fry_MASc_F2011. pdf（accessed 04.05.13.）.

Log Files- Apache HTTP Server. http：//httpd. apache. org/docs/

current/logs.html♯accesslog(accessed 25.04.13.).

Mod_log_config- Apache HTTP Server. http://httpd.apache.org/docs/ 2.0/mod/mod_log_config.html(accessed 17.04.13.).

New Tab. (accessed 07.05.13.) about: newtab.

Parsing Logs with Apache Pig and Elastic MapReduce: Articles & Tutorials: Amazon Web Services. http://aws.amazon.com/articles/2729 (accessed 22.04.13.).

Reading the Log Files- Apache. http://www.devshed.com/c/a/ Apache/Logging-in-Apache/2/(accessed 24.04.13.).

Recommender Documentation. https://cwiki.apache.org/MAHOUT/ recommender-documentation.html(accessed 06.05.13.).

SQL Injection Cheat Sheet. http://ferruh.mavituna.com/sql-injection-cheatsheet-oku/ (accessed 07.05.13.).

Talabis, Ryan. Attack Samples, Apache Server Log Entries with Examples of Attacks and Security Breaches. April 25, 2013.

Tutorial.https://cwiki.apache.org/Hive/tutorial.html♯Tutorial-Builtinoperators (accessed 05.05.13.).

User Agent- Wikipedia, the Free Encyclopedia. https://en.wikipedia. org/wiki/User_agent(accessed 07.04.13.).

Using Grepexe for Forensic Log Parsing and Analysis on Windows Server and IIS- IIS - Sysadmins of the North. http://www.saotn.org/using-grep-exe-for-forensic-log-parsing-and-analysis-onwindows-server-iis/(accessed 04.05.13.).

Using Hive for Weblog Analysis | Digital Daaroo - by Saurabh Nanda. http://www.saurabhnanda.com/2009/07/using-hive-for-weblog-analysis. html(accessed 17.04.13.).

Using Versioning - Amazon Simple Storage Service. http://docs.aws. amazon.com/AmazonS3/latest/dev/Versioning.html(accessed 22.02.13.).

第4章

仿真和安全进程

本章指南：

- 仿真
- 安全决策和进程实现中的场景和挑战
- "what-if"安全场景和战略决策中仿真的应用
- 案例学习：逐步指导如何创建基于现实统计和进程的仿真模型

▌仿真

Arena 是在本章中使用的主要仿真工具,它是由 Rockwell Automation 公司开发的商业软件。作为一款强大的建模和仿真软件,Arena 允许用户建模和运行仿真实验。本书使用的是可供学习的全功能永久评估版,可从以下网址得到:http://www.arenasimulation.com/Tools_Resources_Download_Arena.aspx。

下面开始仿真工作。由于 Arena 是一款 Windows 桌面应用程序,使用时用户会在 Arena 的主窗口中看到三个区域。下面来熟悉这三个区域:

- 在主窗左侧,用户会发现项目栏(Project Bar),包含三个选项卡:基本进程(Basic Process)、报告(Report)和导航面板(Navigate Panel)。在项目栏中能找到构建仿真模型时可使用的各种"Arena 模块"。在本节的后半部分详细讨论这些 Arena 模块。
- 在主窗右侧,用户会发现"Model 窗口流程图"占据了屏幕的绝大部分,这里就是创建模型的工作区。用户会用到流程图、图像、动画以及其他绘图单元来创建图解模型。
- 流程图视图的底部,用户会找到"Model 窗口电子表格"视图,其中显示了与模型相关的所有数据。

本章会对如何在 Arena 中构建仿真作一个高级别的综述。在 Arena 中构建仿真有 4 个主要步骤:

(1) 设计和构建模型;

(2) 向模型添加数据和参数;

(3) 运行仿真;

(4) 分析仿真。

▶▶设计和构建模型

在开始使用 Arena 之前,针对计划仿真的场景首先需要创建一个"概念模型"。这个概念模型就是描绘一个进程如何工作,这可以是用户在纸上画出来的任何东西或仅仅是用户想到的东西。

一旦有了概念模型,下一步就是使用 Arena 中的模块在工作区中构建模型。模块就是模型的构成单元。有两种模块:流程图模块和数据模块。

流程图模块展现了仿真的逻辑。在项目栏的 Basic Process 选项卡中能找到的一些常见流程图模块,包括以下单元:CREATE(创建)、PROCESS(加工)、DECIDE(决定)、DISPOSE(处理)、BATCH(批处理)、SEPARATE(分离)、ASSIGN(分配)和 RECORD(记录)。要使用这些模块,只需将选中的流程图模块拖动到模型中,然后在模型窗口流程图视图中将这些模块连接在一起。例如,如果打算创建 IT 服务中心任务单队列的概念模型,它会如图 4.1 所示。

图 4.1　IT 服务中心进程

如图 4.1 所示,使用 CREATE、PROCESS 和 DISPOSE 模块来说明队列的逻辑。一旦服务中心任务单由 IT 部门创建(CREATE 模块),它会由 IT 部门加工(PROCESS 模块),并由 IT 部门关闭(DISPOSE 模块)。有点困惑?请放心,关于这一部分有一整个章节的相关内容,将带领用户去逐步实现一个真实的场景,它也会变得更加清楚。

下面从一个三进程场景开始,讲解仿真如何工作。这个快速启动模型在随附的网站上也提供下载。现在只需将它认作场景的流程图。如果用户以前使用过 Microsoft Visio,熟悉起来就会适应得更快了。

▶ 向模型添加数据和参数

创建流程图后,下一步就是向每个流程图模块添加数据。可以通过双击模型中的模块打开一个小对话窗口来给每个模块分配值。例如,对于 CREATE 模块,假定平均每小时到达 5 个任务单,可以直接在 CREATE 模块中输入该值；另外假定每张任务单处理和解决的平均速度是 30 分钟，可以将此时间参数值分配到 PROCESS 模块。将在本章稍后部分提供更详细的练习步骤。

▶ 运行仿真

模型完成后，需要做的就是从运行菜单中选择 Go 或按 F5 键。在运行仿真之前可能需要设置其他一些参数，例如可以设置仿真周期的重复参数。但出于快速介绍的目的，我们将只运行仿真。

▶ 分析仿真

Arena 提供了各种报告以便于分析仿真结果。可以从 Project Bar 项目栏里访问 Reports Panel。

■ 案例学习

安全领域的仿真有很多有趣的用途。其中一个是评估企业中安全控制或机制的效果，否则系统遭破坏后难以重建。在本章中，让我们把自己置于信息安全主管的角色，这个角色需要评估不同的防病毒电子邮件安全网关产品。要关注的主要事项之一就是电子邮件网关设备的性能。由于设备会在线运行并处理网络流量，需要确保电子邮件网关能够处理进入组织机构的大量电子邮件。由于此设备会安装于电子邮件服务器的前端，因此没有便捷的方法来测试不同电子邮件安全网关的性能，而这恰恰就是仿真技术发挥作用之处。仿真为人们提供了一种方法，即根据现有数据去预测某种场景或状况会如何呈现。当然，预测的结果与真实测试的结果不会完全一致，但至少可以提供一个评估结果以便我们做出明智的决定。

对于仿真首先需要的是数据。幸运的是在我们的场景中，供应商（以下简称供应商 1）为我们提供了一个数据集，将其电子邮件安全网关解决方案与其他供应商(以下简称供应商 2 和供应商 3)的产品进行比较(如表 4.1 所示)。用户可以从本书的网站下载此数据集。接下来解释如何在场景中利用这个数据集。

表 4.1　供应商的场景数据

数据类型	供应商 1	供应商 2	供应商 3
平均值/s	0.177271963	0.669560187	0.569069159
测试数据/s	0.0077	0.0119	0.5994
	0.0018	0.0201	0.5269
	0.0101	3.4405	0.4258
	0.0144	0.0701	0.5109
	0.0134	0.02	0.5619
	0.006	0.0119	0.5017
	0.1103	0.0012	0.4382
	0.0113	0.013	0.4346
	0.0116	0.0161	0.4988
	0.0185	0.0157	0.49
	0.0021	0.2894	0.4843
	0.0088	0.0089	0.4602
	0.0051	0.0056	0.4431
	0.0061	0.0067	1.4135
	0.0106	0.0206	0.4199
	0.0064	0.221	0.4332
	0.01	0.025	0.4162
	0.0128	3.067	0.4386
	0.0113	1.098	0.4342
	0.01	0.0158	0.4309
	0.0058	1.145	0.4146
	0.0023	0.112	0.4392
	0.0126	0.0146	0.4678
	0.0128	0.0098	0.4608

数据类型	供应商 1	供应商 2	供应商 3
	0.006	0.0201	0.4689
	0.0064	0.0139	0.481
	0.0088	0.0066	0.4449
	0.011	1.945	0.4312
	0.0142	0.8112	0.453
	0.0058	0.855	1.2839
	0.0062	0.874	0.445
	0.0063	1.589	0.4275
	0.014	0.0203	0.4517
	0.0946	0.89	1.092
	0.0011	0.0112	0.5119
	0.0073	2.547	0.5966
	0.0089	3.4003	1.2248
	0.0111	2.3314	0.4345
	0.0081	0.0158	0.5527
	0.0114	0.0144	0.4991
	0.0096	0.0204	0.4213
	0.6305	0.0061	1.3264
	0.0113	0.0105	0.4312
	0.0059	2.578	0.4246
	0.0102	0.95	0.4422
	0.065	0.721	1.4509
	0.0063	3.3614	0.478
	0.0189	0.3078	0.4121
	0.9503	3.3444	1.1532
	0.0236	0.0103	0.4589
	0.0094	0.00254	0.4124
	0.0076	1.067	0.5074
	0.0057	0.905	0.4509
	1.0007	3.4747	0.4639
	0.0061	0.0205	0.4729
	0.0113	0.013	0.4343

数据类型	供应商 1	供应商 2	供应商 3
	0.0094	0.0018	0.4359
	0.0061	0.0101	0.4761
	0.0088	1.345	0.4594
	0.0054	0.0936	0.6192
	0.9407	3.7085	1.1916
	12.2007	3.4655	0.5122
	0.0035	1.523	0.4097
	0.0028	0.0202	0.4422
	0.0042	0.0147	0.4585
	0.083	0.9678	1.282
	0.0009	0.0059	1.4524
	0.0078	0.0211	0.5503
	0.0357	0.0496	0.7331
	0.0068	0.016	0.4823
	0.0107	0.0177	0.4378
	0.0128	1.8678	0.4388
	0.0113	0.013	0.4349
	0.9457	0.812	0.9953
	0.0109	0.0071	0.4457
	0.0181	1.78	0.4099
	0.0099	0.0102	0.4278
	0.0066	0.832	0.4231
	0.0111	0.0127	0.4346
	0.0108	0.0144	0.4988
	0.0159	0.0026	1.4738
	0.0155	0.0772	0.4918
	0.0113	0.0136	0.4157
	0.0057	0.0101	0.4327
	0.0064	0.0125	0.5496
	0.0126	0.0146	0.4308
	0.0171	0.042	0.4525
	0.0038	0.1454	0.6053

续表

数据类型	供应商 1	供应商 2	供应商 3
	0.0059	1.89	0.4243
	0.0043	0.0407	0.7431
	0.0066	0.8901	0.4764
	0.0069	0.8542	0.4635
	0.01	0.0059	0.522
	0.0064	1.956	0.4802
	0.0119	1.993	0.4333
	0.0113	1.432	0.4343
	0.0111	0.0127	0.4347
	0.0064	0.0125	0.5521
	0.065	0.711	1.2924
	0.0912	0.0056	0.5121
	0.0059	0.0107	0.4661
	0.0125	0.0124	0.4177
	0.0113	0.013	0.4157
	0.8998	1.9081	0.4626
	0.0059	0.0102	0.4304
	0.0184	1.145	0.4216
	0.0099	0.0144	0.5201

供应商 1 通过其电子邮件安全网关处理恶意电子邮件并计算网关处理恶意电子邮件的速度(例如,检测到恶意电子邮件的速度)。供应商 1 按照平均处理时间提供的数据表明,供应商 1 的网关处理时间极短(如表 4.2 所示)。

表 4.2　供应商的处理时间(整体性能)

供应商	平均处理时间/s
供应商 1	0.177271963
供应商 2	0.669560187
供应商 3	0.569069159

你可能会问,该如何验证这些数字?通常只需获得此数据的表面数值并接受这些数字。可如果想更深入地了解这些数据是否精准地反映了组织

机构的实际状况,该如何着手？而这正是有趣部分的开始,因为可以通过仿真来做到这一点。下面深入学习 Arena！

下面来解构我们的场景。我们需要三个组件来启动仿真：

首先,需要创建电子邮件；

其次,需要创建"电子邮件安全网关"来处理这些电子邮件；

再次,需要创建接收这些电子邮件的收件箱。

幸运的是,在 Arena 中创建所有这些组件相当容易。先创建一个能够进入组织机构的一连串电子邮件,这个可以通过使用 CREATE 模块完成,如图 4.2 所示。

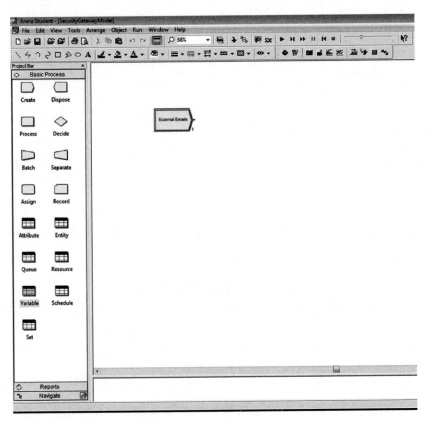

图 4.2　插入 CREATE 模块

在仿真中需要做的最重要的事情之一是创建对象,对象会流经所构建的仿真系统。在场景中,电子邮件就是流经系统的对象并且会通过安全设备。这些对象在 Arena 中被称为"实体"。为了能够创建实体需要一个 CREATE 模块。

要创建一个 CREATE 模块,用户所要做的就是将名为 Create 的图标从左侧的 Basic Process(基本进程栏)拖到工作区。工作区如图 4.3 所示。现在整体看起来仍然有点稀疏,而这只是我们的第一步。

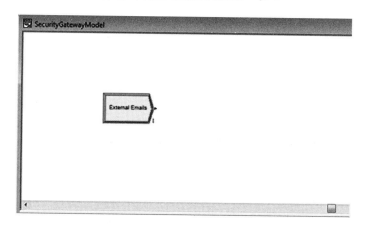

图 4.3　使用 CREATE 创建 External Emails 实体

一旦添加了 CREATE 模块,下一步就是开始配置该模块的属性和性能。要给模块的属性或性能分配值,请双击 CREATE 模块图标以打开对话窗口,如图 4.4 所示。

在对话框中分配任意一个名称来描述正在创建的实体。在本场景中,将实体标记为 External Emails(外部电子邮件)。将实体类型更改为 Email。还要告知仿真系统电子邮件到达的平均速率。电子邮件的到达对于每个组织机构可能会有所不同。有不同的方法来估算这些信息(比如,通过查看日志获得它们),但出于本案例的目的,假设平均每秒都会到达一封电子邮件。我们可以通过更改以下内容来实现:

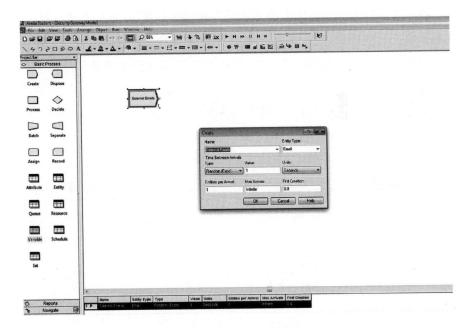

图 4.4　更新 CREATE 模块属性

- Type：Random（Expo）
- Value：1
- Units：Seconds
- Entities per Arrival：1
- Max Arrivals：Infinite
- First Creation：0.0

在此处我们已经为仿真系统创建了实体。这意味着电子邮件现在可以进入仿真系统。可邮件会去哪里？现在没地方可去。我们需要处理这些电子邮件，所以需要创建一个处理进程。可以通过将 Process 图标从左侧导航栏拖动到工作区中来创建，如图 4.5 所示。

由于通过系统的电子邮件需要由防病毒网关进行处理，会将此进程映射到网关。在我们的仿真系统中，PROCESS 模块将代表防病毒网关来处理外部电子邮件。

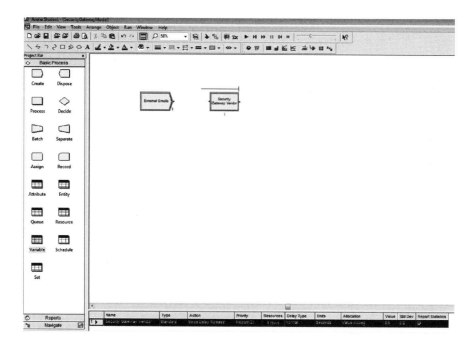

图 4.5　添加 PROCESS 模块

与 CREATE 模块类似,给 PROCESS 模块配置属性和性能数据。按照与
CREATE 模块相同的方式双击打开 PROCESS 模块的对话框。

首先,为处理模块分配一个名称。在本场景中,将其命名为 Security
Gateway Vendor(安全网关供应商)。

接下来为此单元设置 Action(动作)。在下拉菜单动作中,选择 Seize
Delay Release 选项。这意味着当电子邮件到达时,它将等待直到系统资源
变为可用,接着它会占用资源并等待服务周期,然后释放系统资源。这实际
上就是电子邮件网关工作的过程:网关向收件箱发送电子邮件之前,它将抓
取邮件、延迟(因为处理),然后将邮件释放到用户收件箱或隔离区。

在我们的仿真中 Delay(延迟)是一个重要的数值,因为实际上它就是处
理时间。相对于我们的场景,Delay 就是安全网关处理电子邮件以查明其是
否属于恶意邮件所需的时长。

我们的下一步是定制场景。由于我们有供应商提供的平均处理时间结果，因此我们给本案例中的供应商 1 赋予平均处理值。对话框如图 4.6 所示，并具有以下参数：

- Name：Security Gateway Vendor

- Type：Standard

- Action：Seize Delay Release

- Priority Medium

- Resources：Resource，Resource 1,1

- Delay Type：Constant

- Units：Seconds

- Allocation：Value Added

- Report Statistics：Checked

- Value：0.1777271863

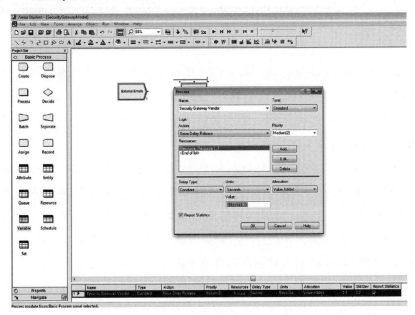

图 4.6　更新 PROCESS 模块属性

接下来为安全网关创建资源。由于将只使用一个安全网关,所以仅创建一个资源。如果要仿真多台设备或者在其他情况下仿真多个处理器,此项设置就很重要。此时为了简单起见,仅创建一个资源,可以通过单击 Resource(资源)列表框旁边的 Add 按钮来完成(如图 4.7 所示)。资源对话框应该包括以下参数:

- Type:Resource
- Resource:1
- Quantity:1

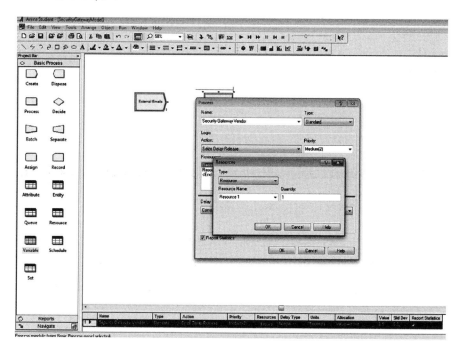

图 4.7　更新 PROCESS 模块的资源属性

作为创建 PROCESS 模块的最后一步,需要确保 CREATE 模块和 PROCESS 模块连接在一起。在我们的场景中,这保证了自 CREATE 模块创建的电子邮件会进入 PROCESS 模块中由防病毒网关处理,通常 Arena 会自动执行此操作;但如果没有的话,请单击 Arena 上方工具栏中的 Connect 按钮连接两个模块，如图 4.8 所示。

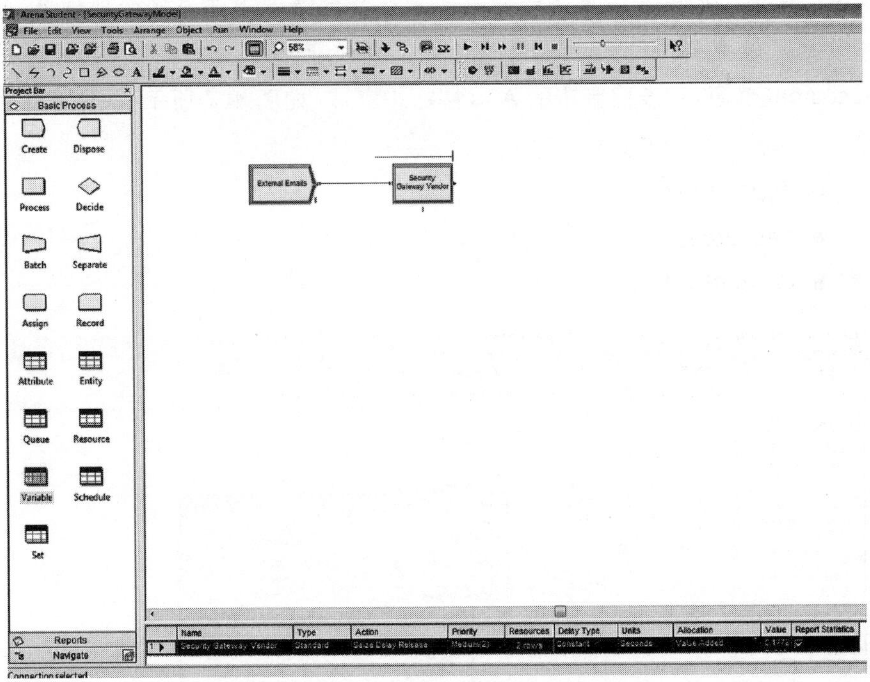

图 4.8　连接 CREATE 模块和 PROCESS 模块

最后，需要将经过处理后的电子邮件送达某个地方。这就是使用 DISPOSE 模块的地方。将 Dispose 图标拖动到工作区，并将其标记为 Mailboxes。然后将 PROCESS 模块连接到 DISPOSE 模块。这意味着由 PROCESS 模块处理完成后电子邮件将被转送到邮箱。

在这一点上可能用户会认为本场景有些许缺陷。为什么所有处理过的电子邮件都直接转送至收件箱，对吧？用户绝对是正确的，确实存在缺陷。为了令我们的渐进步骤教程保持简单，就用手头现有的资源来工作。继续扩大我们的场景使之更接近现实。最终用户的仿真系统应该如图 4.9 所示的模型。

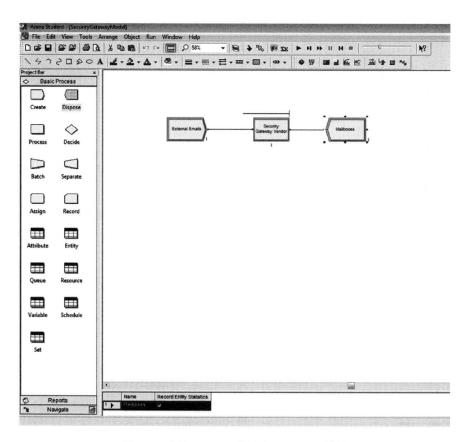

图 4.9 连接 CREATE 模块和 PROCESS 模块

现在有了自己的仿真模型，准备好运行第一个仿真。在运行仿真之前，需要为仿真系统配置不同的设置。由于仿真是从技术层面尝试重新创建一个现实世界的场景，所以需要设定场景运行的时间及频率。

在 Arena 中，这很容易做到。只需单击 Run 菜单然后选择 Run Setup。本次仿真 7 天之中运行 3 次，每次 24 小时。由于电子邮件以 1 秒的时间间隔到达，基本时间单位需要更改为秒。出现如图 4.10 所示的对话框，并向其中添加以下参数：

- Number of Replications：3

- Initialize Between Replications：Statistics and System Checked

- Warm-up Period：0.0

- Replication Length：7

- Hours Per Day：24

- Base Time Units：Seconds

- Time Units：Hours

- Time Units：Days

- Termination Condition：Leave Blank

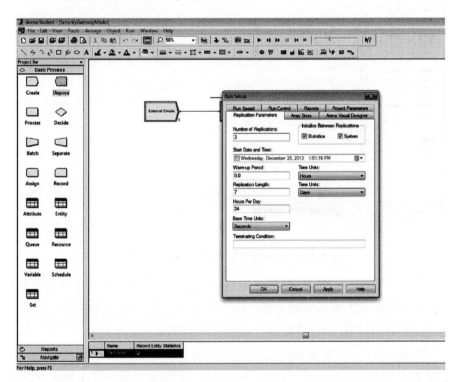

图 4.10　设置运行参数

　　运行参数配置完成后，可通过单击 Project Parameter 选项卡（如图 4.11 所示）添加项目参数中的一些信息来描述项目。

- Project Title：Security Gateway

- Project Description：Add any description

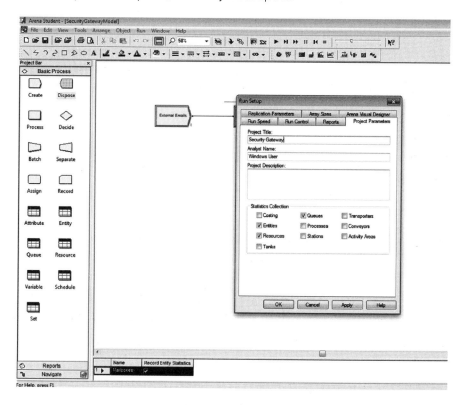

图 4.11　建立项目

现在准备好可以运行我们的仿真系统了。你可以通过单击 Run 菜单选择 Go 来执行仿真系统运行操作。仿真程序会演示动画并有元素移动。用户会看到来自 CREATE 模块（外部电子邮件）的电子邮件移动到 PROCESS 模块（安全网关），并被 DISPOSE 模块（收件箱）接收（如图 4.12 所示）。

祝贺用户已经完成了第一次仿真工作！在获得结果之前仿真程序可能还需要一些时间处理。不幸的是，即使设置为最高的速度，在 7 天周期内对电子邮件进行 3 次仿真也需要一些时间处理。

幸运的是，Arena 有一个被称为 batch processing（批量处理）的特征。批

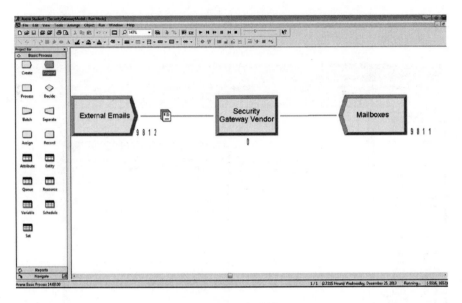

图 4.12　运行仿真

量处理取消所有的动画展示效果，这样便加快了处理速度。为此首先需通过单击 Run 菜单然后单击 End 结束运行。接下来选择 Run Control（运行控制）并单击 Batch Run（批量运行，无动画效果）。完成这些步骤后可加速仿真运行，以便可以更快地产生运行结果（如图 4.13 所示）。

再次尝试使用这些新参数运行仿真系统。这一次完全看不到动画效果，但会立即收到仿真结果。

输出的将是一份报告，包括一些有趣的值，如最小平均值、最大平均值、最小值和最大值。基本上这些值都是针对仿真处理时间的描述性统计信息，就是在 7 天里运行了 3 次的仿真。

一旦开始对不同供应商安全网关产品进行比较，就能看出仿真的真正价值。让我们继续尝试仿真。对于每个供应商都需要更改延迟参数值以匹配每个供应商的平均处理时间。若采集到结果，应该得到如表 4.3 中那样的结果。用户的结果应该显示出供应商 1 宣称的安全网关性能是准确的：平均来看，供应商 1 的产品展现了最佳性能。

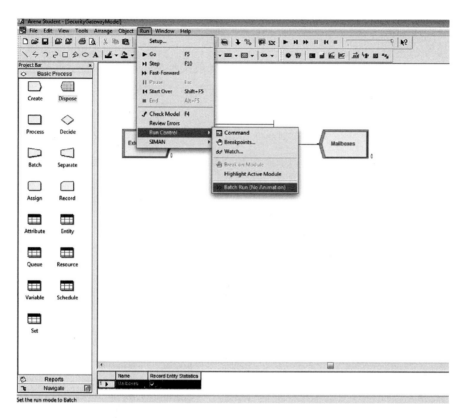

图 4.13 执行批量处理

表 4.3 供应商的处理时间——初始仿真运行

供应商	处理时间/s	平均值/s	最小平均值/s	最大平均值/s	最小值/s	最大值/s
供应商 1	0.177271963	0.01911149	0.01897183	0.01919783	0.00	0.9207
供应商 2	0.669560187	0.6809	0.6760	0.6863	0.00	11.6437
供应商 3	0.569069159	0.3770	0.3740	0.3740	0.00	8.3927

现在接受供应商 1 对其安全网关性能的描述是正确的。统计数据有时可被解释为提供了误导信息。下面再来回顾一下供应商提供的原始数据。

关于原始数据一个非常有趣的观点是供应商提供了他们测试的实际结果。这结果是针对每封电子邮件被单独处理的时间,而不仅仅是所有电子邮件的平均处理时间,可以利用一种非常简单但是相对知名的技术：标准偏差(SD)。

标准偏差显示了存在于平均值的变化或离散量。低标准偏差值表明数据点趋于平均值(也称为期望值)；高标准偏差值表明数据点在较大的范围内偏离平均值。

下面从一些简单的电子表格工作开始。打开包含样本数据的文件并使用 STDEVP( )函数(=STDEVP)获取数据的 SD。这个解释可能有些混乱,所以如图 4.14 所示。打开包含计算表的样本数据的下一个选项卡。

	Vendor 1	Vendor 2	Vendor 3
Average (sec)	0.177271963	0.669560187	0.569069159
Standard Deviation	=STDEVP(D5:D111)		0.274832835
Test Data (sec)	0.0077	0.0119	0.5994
	0.0018	0.0201	0.5269
	0.0101	3.4405	0.4258
	0.0144	0.0701	0.5109
	0.0134	0.02	0.5619
	0.006	0.0119	0.5017
	0.1103	0.0012	0.4382
	0.0113	0.013	0.4346
	0.0116	0.0161	0.4988
	0.0185	0.0157	0.49
	0.0021	0.2894	0.4843
	0.0088	0.0089	0.4602
	0.0051	0.0056	0.4431
	0.0061	0.0067	1.4135
	0.0106	0.0206	0.4199
	0.0064	0.221	0.4332
	0.01	0.025	0.4162
	0.0128	3.067	0.4386
	0.0113	1.098	0.4342
	0.01	0.0158	0.4309
	0.0058	1.145	0.4146
	0.0023	0.112	0.4392
	0.0126	0.0146	0.4678
	0.0128	0.0098	0.4608
	0.006	0.0201	0.4689
	0.0064	0.0139	0.481
	0.0088	0.0066	0.4449

图 4.14 在表格中计算标准偏差值(SD)

在计算所有供应商的标准偏差后,供应商 1 事实上具有较大的标准偏差值。这意味着测试数据结果差异很大。例如,在某些情况下处理电子邮件非常快,但在另一些情况中,处理邮件又会非常缓慢(表 4.4)。显然,那些理解标准偏差的人可能对这个结果背后的含义已经略知一二,但是运行一次仿真以便可以看到我们创建的场景所产生的内容。

表 4.4 供应商的处理时间——加入标准偏差

供应商	平均处理时间/s	标准偏差
供应商 1	0.177271963	1.185744915
供应商 2	0.669560187	1.026043254
供应商 3	0.569069159	0.274832835

现在返回到仿真程序中,输入新计算的值。双击 PROCESS 模块打开配置对话框,但让我们做一些更改。使用 Normal(标准)延迟类型或我们所说的正态分布来替代 Constant(常量)延迟类型,正态分布是一个函数,说明在某种情况下观察结果会落在任何两个实数之间的概率。

在 PROCESS 对话框中,保持平均值,并会给供应商添加标准偏差值。用户选择的实体应该类似于下列各值并将其输入对话框中(如图 4.15 所示)。接下来运行这个仿真。

- Name：Security Gateway Vendor

- Type：Standard

- Action：Seize Delay Release

- Priority：Medium

- Resource：Resource, Resource 1,1

- Delay Type：Normal

- Units：Seconds

- Allocation：Value Added

- Value：0.177271963

- Std Dev：1.185744915

- Report Statistics：Checked

为所有供应商的安全网关产品运行仿真并收集结果。请记住将所有供应商的延迟类型更改为 Normal 并将其添加到标准偏差中。一旦运行所有内容并收集结果,得到的结果应如表 4.5 所示。

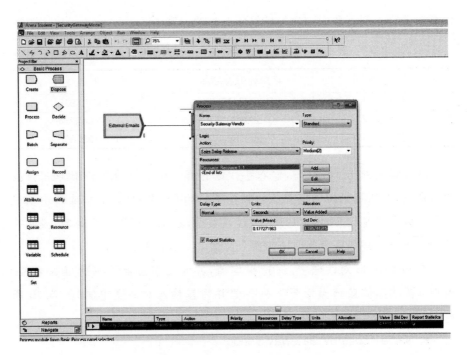

图 4.15　更新 PROCESS 对话框的标准偏差（SD）

表 4.5　供应商的处理时间——附加标准偏差设置

供应商	平均处理时间/s	最小平均值/s	最大平均值/s	最小值/s	最大值/s
供应商 1	1.0290	1.0231	1.0342	0.00	25.1238
供应商 2	3.8393	3.8183	3.8531	0.00	46.5414
供应商 3	0.4661	0.4650	0.4680	0.00	9.4981
（以下是表 4.3 中上一次仿真的数据，做对比用）					
供应商 1	0.01911149	0.01897183	0.01919783	0.00	0.9207
供应商 2	0.6809	0.6760	0.6863	0.00	11.6437
供应商 3	0.3770	0.3740	0.3740	0.00	8.3927

　　由于使用了正态分布，所以这些值已经有了很大的改变。事实上，供应商 1 的安全网关产品没有表现出与预期一致的结果。在这个场景中，供应商 3 的安全网关产品实际上有更好的结果。

出现这种现象的原因是供应商 3 的安全网关产品有着更加一致的结果。供应商 3 的处理时间更加稳定,更重要的是各个结果之间的变化不大。相反供应商 1 的结果有很大变化,这大大影响了整体处理时间。这就是为什么了解用户正在处理的内容以及它会如何影响用户的结果是重要的。若用户仅仅浏览供应商提供的结果,也许不会知道这些信息——它向用户提供了某种增值信息,可能会影响用户对供应商的选择。

在本教程的最后部分,将扩展我们的仿真模型以使其更加详细和现实。在以前的场景中,假设所有的电子邮件都是恶意的,但实际上永远不会这样做。对于更实际的场景,将纳入 DECIDE 模块来创建条件分支。

DECIDE 模块可以在位于我们工作区左侧的 Basic Process 选项卡中找到(图 4.16)。DECIDE 模块创建条件(也称为"if-then"条件),这些条件与我们在流程图中看到的相似。

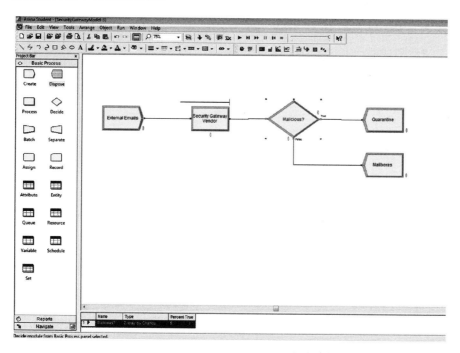

图 4.16 在仿真中添加 DECIDE 模块

下面使用条件单元创建一个场景。正如已经提到的，并不是所有电子邮件都有恶意附件，假设只有 5% 的电子邮件含有恶意附件。5% 这个值是如何得到的？这完全取决于用户，但为了得到更现实的场景，应该尝试核对行业基准。例如，Symantec 发布的月度智能报告，类似于下面链接中的这个，用户可以在其中找到相关的行业基准：http://www. symantec. com/content/en/us/enterprise/other _ resources/b-intelligence _ report _ 07-2014. en-us. pdf.

现在回到工作区，将 Decide 图标拖到工作区，然后双击该图标，在打开的对话框中输入一个名称并将类型更改为 2-way chance，这是默认值。由于邮件有 5% 的可能性是恶意的，应在 Percent True 文本框中输入 5%，应与图 4.17 所示的参数相似。

- Name：Malicious?

- Type：2-way by Chance

- Percent True（0-100）：5%

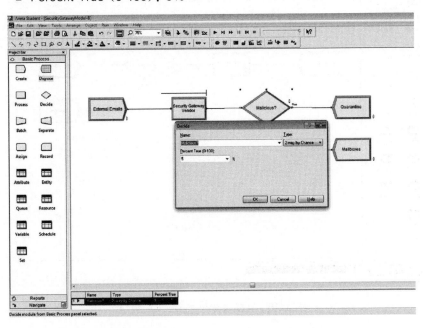

图 4.17　更新 DECIDE 模块属性

最后,为 True 和 False 两个分支都添加 DISPOSE 模块来结束系统。请注意所有的仿真系统必须有 DISPOSE 模块。将 True 分支的 DISPOSE 模块标记为 Quarantine 并给 false 分支的 DISPOSE 模块分配 Mailboxes 标签。

RECORD 模块是像增长计数器一样工作的。该模块用于运行不同的计算并将处理结果存储在模块中。对于本场景,利用 RECORD 模块制作一个简单的计数器来跟踪无害的和恶意的电子邮件。如果电子邮件是恶意的,那么我们将采取隔离电子邮件的行动。如果电子邮件是无害的,采取的措施就是将其发送到用户的收件箱。下面将制作两个计数器:一个是隔离计数器,另一个是邮箱计数器。

将 RECORD 模块连接到 DECIDE 模块中,如图 4.18 所示。与所有仿真系统一样,所有路径都应该有一个终点。要记住为两条路径分别创建 DISPOSE 模块:一个用于无害的电子邮件,另一个用于恶意电子邮件。

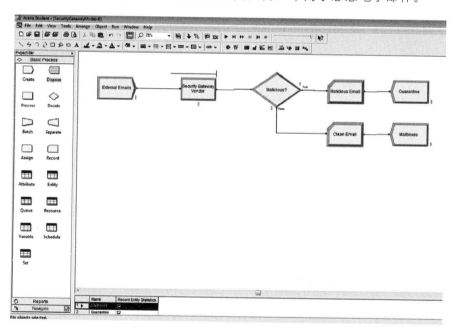

图 4.18　创建 RECORD 和 DISPOSE 模块

下面来配置 RECORD 模块的参数。双击每个 RECORD 模块，将其设置为 Count 并赋值为 1。这意味着如果电子邮件是恶意的，则隔离区 RECORD 模块计数将增加 1。对于邮箱 RECORD 模块也进行同样设置。在本场景情况中，适用以下规则：如果电子邮件是恶意的(因此是 YES)，则恶意电子邮件的计数器增加 1。如果电子邮件不是恶意的，那么无害电子邮件的计数器增加 1(图 4.19)。

- Name：Malicious E-mail
- Type：Count
- Value：1
- Record into Set：Unchecked
- Counter Name：Malicious E-mail

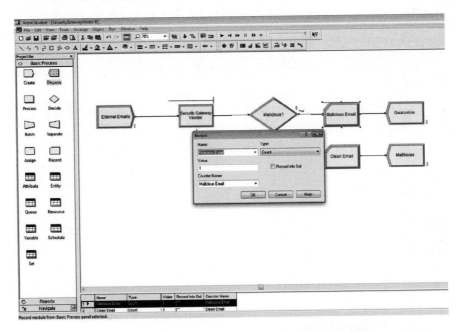

图 4.19　更新 RECORD 模块

上面创建了一个较为复杂的仿真，它使用了 DECISION 和 RECORD 模块。现在只需要运行仿真并且等待报告生成(图 4.20)。

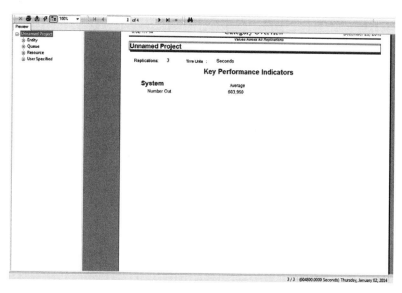

图4.20　查看报告

如用户所见,我们的仿真系统正变得越来越高级,然而却仍未完成。它的效能如何?供应商实际上已经给我们提供了效能信息,可以使用这些信息来改进我们的仿真系统。问题是该如何将这些信息纳入我们的仿真系统中(图4.21)。

在先前的仿真系统中,我们假设所有被认为是无害的电子邮件实际上就是正常的,但在现实中这种情况很少适用,因为恶意电子邮件有时也会成功地通过防病毒检查。这就是为什么供应商提供了我们所审查的每个产品的效能评级。接下来需要在仿真中添加另外一个条件单元,以便可以包括这个过程。

添加另一个DECIDE模块到进行无害判决的第二个过滤器中,但这一次会为每封无害的电子邮件添加一个条件。在这些更新的场景中,一旦判定电子邮件是无害的,我们会再做一次判断,即"我们能在多大程度上确信电子邮件是无害的",将其称之为True Clean判决框,它是一个处理层,用来显示"无害"电子邮件实际上为正常的概率。通过添加这个判决框,能够提供一种方法来确定漏报率或安全网关错过的恶意电子邮件。更新后的仿真如图4.22所示。

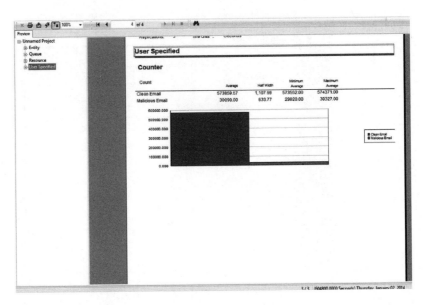

图 4.21　附加报告信息

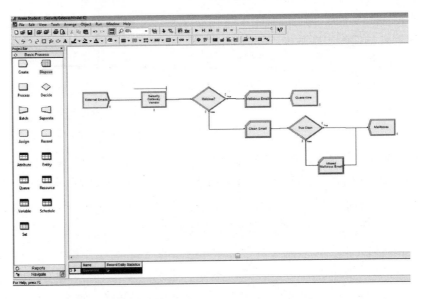

图 4.22　通过另一个 DECISION 模块移除漏报率

下面来配置新的 DECISION 模块。双击 True Clean 框并将效能评级添加到 Percent True 框中。这将模拟电子邮件实际为无害邮件的概率。然后再添加一个"被判定为无害的电子邮件但实际上为恶意邮件"的计数器。使用 RECORD 模块添加一个 Missed Malicious Email 框。以下是防病毒检查错过的电子邮件,即供应商的判断为无害但实际是恶意的电子邮件(表 4.6)。

表 4.6   供应商的处理时间——加入效能

供应商	平均处理效能/%
供应商 1	99.90
供应商 2	99.70
供应商 3	98.40

使用供应商电子表格,如果供应商的安全网关具有 99.9% 的效能,那就将 99.9% 输入到 Percent True 文本框中(见图 4.23)。这些值将帮助我们计算电子邮件实际为无害邮件的概率,这等同于我们仿真系统中的效能。

- Name:True Clean
- Type:2-way by Chance
- Percent True(0-100):99.9%

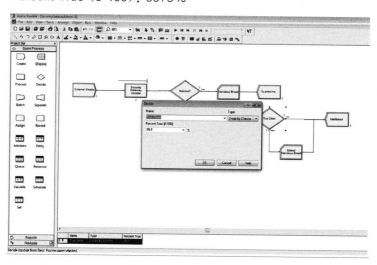

图 4.23   在仿真中添加效能参数

最后,运行仿真并等待报告! 我们将针对所有供应商的安全网关设备运行仿真。记住要更改平均处理时间、SD 和每个仿真的效能。

当圆满完成本章任务后,从图 4.24 中查看所完成的仿真统计。简而言之,这是从仿真中获得的观察结果(表 4.7)。

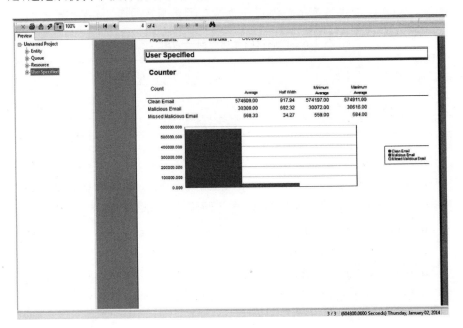

图 4.24　查看最终报告

表 4.7　最终仿真结果

供应商	平均处理时间/s	最小平均值/s	最大平均值/s	最小值/s	最大值/s	一周平均处理邮件数	平均错过的恶意邮件数
供应商 1	1.0290	1.0231	1.0342	0.00	25.1238	604,918	568.33
供应商 2	3.8393	3.8183	3.8531	0.00	46.5414	605,514	1704.00
供应商 3	0.4661	0.4650	0.4680	0.00	9.4981	605,311	9284.00

- 供应商 3 的安全网关在性能方面确实相当不错。当我们开始考虑效能(也就是 99.9% 对 98%)并考虑每周需处理的电子邮件数量时,

99.9%与98%之间的效能差异是非常惊人的。差异可高达8000封恶意电子邮件!

- 即便是99.9%的效能也有可能导致568封恶意电子邮件被错过,这仍然是较多数量的恶意电子邮件。这表明,尽管使用了供应商的防病毒网关,仍然有很大的概率被恶意邮件感染。

表4.8~表4.13汇总了仿真过程中收集到所有结果及仿真使用的数据。

表4.8 平均处理时间

供应商	平均处理时间/s
供应商1	0.177271963
供应商2	0.669560187
供应商3	0.569069159

表4.9 使用常量延迟类型的仿真结果

供应商	平均处理时间/s	最小平均值/s	最大平均值/s	最小值/s	最大值/s
供应商1	0.01911149	0.01897183	0.01919783	0	0.9207
供应商2	0.6809	0.676	0.6863	0	11.6437
供应商3	0.377	0.374	0.374	0	8.3927

表4.10 使用正态分布(STD)参数

供应商	平均处理时间/s	标准偏差
供应商1	0.17727196	1.18574492
供应商2	0.66956019	1.02604325
供应商3	0.56906916	0.27483284

表4.11 使用正态分布的仿真结果

供应商	平均处理时间/s	最小平均值/s	最大平均值/s	最小值/s	最大值/s
供应商1	1.029	1.0231	1.0342	0	25.1238
供应商2	3.8393	3.8183	3.8531	0	46.5414
供应商3	0.4661	0.465	0.468	0	9.4981

表 4.12 最终仿真结果

供应商	平均处理时间/s	最小平均值/s	最大平均值/s	最小值/s	最大值/s	平均错过的恶意邮件数
供应商 1	1.029	1.0231	1.0342	0	25.1238	568.33
供应商 2	3.8393	3.8183	3.8531	0	46.5414	1704
供应商 3	0.4661	0.465	0.468	0	9.4981	9284

表 4.13 仿真中所用数据

数 据 类 型	供应商 1	供应商 2	供应商 3
平均值/s	0.177271963	0.669560187	0.569069159
标准偏差	1.185744915	1.026043254	0.274832835
测试数据/s	0.0077	0.0119	0.5994
	0.0018	0.0201	0.5269
	0.0101	3.4405	0.4258
	0.0144	0.0701	0.5109
	0.0134	0.02	0.5619
	0.006	0.0119	0.5017
	0.1103	0.0012	0.4382
	0.0113	0.013	0.4346
	0.0116	0.0161	0.4988
	0.0185	0.0157	0.49
	0.0021	0.2894	0.4843
	0.0088	0.0089	0.4602
	0.0051	0.0056	0.4431
	0.0061	0.0067	1.4135
	0.0113	0.013	0.4346
	0.0116	0.0161	0.4988
	0.0185	0.0157	0.49
	0.0021	0.2894	0.4843
	0.0088	0.0089	0.4602
	0.0051	0.0056	0.4431
	0.0061	0.0067	1.4135
	0.0106	0.0206	0.4199
	0.0064	0.221	0.4332

续表

数 据 类 型	供应商 1	供应商 2	供应商 3
	0.01	0.025	0.4162
	0.0128	3.067	0.4386
	0.0113	1.098	0.4342
	0.01	0.0158	0.4309
	0.0058	1.145	0.4146
	0.0023	0.112	0.4392
	0.0126	0.0146	0.4678
	0.0128	0.0098	0.4608
	0.006	0.0201	0.4689
	0.0064	0.0139	0.481
	0.0088	0.0066	0.4449
	0.011	1.945	0.4312
	0.0142	0.8112	0.453
	0.0058	0.855	1.2839
	0.0062	0.874	0.445
	0.0063	1.589	0.4275
	0.014	0.0203	0.4517
	0.0946	0.89	1.092
	0.0011	0.0112	0.5119
	0.0073	2.547	0.5966
	0.0089	3.4003	1.2248
	0.0111	2.3314	0.4345
	0.0081	0.0158	0.5527
	0.0114	0.0144	0.4991
	0.0096	0.0204	0.4213
	0.6305	0.0061	1.3264
	0.0113	0.0105	0.4312
	0.0059	2.578	0.4246
	0.0102	0.95	0.4422
	0.065	0.721	1.4509
	0.0063	3.3614	0.478
	0.0189	0.3078	0.4121
	0.9503	3.3444	1.1532

续表

数 据 类 型	供应商 1	供应商 2	供应商 3
	0.0236	0.0103	0.4589
	0.0094	0.00254	0.4124
	0.0076	1.067	0.5074
	0.0057	0.905	0.4509
	1.0007	3.4747	0.4639
	0.0061	0.0205	0.4729
	0.0113	0.013	0.4343
	0.0094	0.0018	0.4359
	0.0061	0.0101	0.4761
	0.0088	1.345	0.4594
	0.0054	0.0936	0.6192
	0.9407	3.7085	1.1916
	12.2007	3.4655	0.5122
	0.0035	1.523	0.4097
	0.0028	0.0202	0.4422
	0.0042	0.0147	0.4585
	0.083	0.9678	1.282
	0.0009	0.0059	1.4524
	0.0078	0.0211	0.5503
	0.0357	0.0496	0.7331
	0.0068	0.016	0.4823
	0.0107	0.0177	0.4378
	0.0128	1.8678	0.4388
	0.0113	0.013	0.4349
	0.9457	0.812	0.9953
	0.0109	0.0071	0.4457
	0.0181	1.78	0.4099
	0.0099	0.0102	0.4278
	0.0066	0.832	0.4231
	0.0111	0.0127	0.4346
	0.0108	0.0144	0.4988
	0.0159	0.0026	1.4738
	0.0155	0.0772	0.4918

续表

数 据 类 型	供应商 1	供应商 2	供应商 3
	0.0113	0.0136	0.4157
	0.0057	0.0101	0.4327
	0.0064	0.0125	0.5496
	0.0126	0.0146	0.4308
	0.0171	0.042	0.4525
	0.0038	0.1454	0.6053
	0.0059	1.89	0.4243
	0.0043	0.0407	0.7431
	0.0066	0.8901	0.4764
	0.0069	0.8542	0.4635
	0.01	0.0059	0.522
	0.0064	1.956	0.4802
	0.0119	1.993	0.4333
	0.0113	1.432	0.4343
	0.0111	0.0127	0.4347
	0.0064	0.0125	0.5521
	0.065	0.711	1.2924
	0.0912	0.0056	0.5121
	0.0059	0.0107	0.4661
	0.0125	0.0124	0.4177
	0.0113	0.013	0.4157
	0.8998	1.9081	0.4626
	0.0059	0.0102	0.4304
	0.0184	1.145	0.4216
	0.0099	0.0144	0.5201

在本章中，我们演示了当系统难以测试或难以用其他方式获得结果时，如何仿真其性能。在我们的安全场景中，为三个供应商模拟了一个防病毒网关；然而还有很多其他有趣的仿真用途。在安全范畴中，另一种可能的仿

真用途也许就是重建病毒在网络中的传播，从而了解病毒能够以何种速度影响企业。还可以利用仿真系统来查看补丁的效果、重新设想机器的效能以及防病毒更新后的效能。在更大规模的场景中，仿真系统可以用来演示针对组织机构的网络攻击。可以创建代表整个网络的仿真系统，包括防火墙、入侵防御系统和网段，用以了解网络攻击会怎样被检测到或无法被检查到，等等。总之，安全范畴的仿真在评估企业的安全控制或机制的效能方面特别有用，否则在遭到破坏之后很难重建整个系统。

第5章

访问分析

本章指南：

- 用户访问中的场景和挑战
- 在识别访问中异常或误用时对分析的使用
- 案例学习：分步指导如何编码实现用户访问中的异常访问检测
- 其他适用的安全领域和场景

▌导言

现在的恶意用户可以通过很多方法访问 IT 系统。事实上，那些为我们远程访问 IT 系统提供便利的技术，同时也是恶意用户可以操纵的技术。在当今的 IT 环境中，物理访问不再是获取内部资源和数据的障碍。

像虚拟专用网（VPN）这样的远程接入技术已经普遍地应用于商业环境中。虽然这些技术提升了生产力的效率，但也向组织机构引入了一定级别的其他风险。最近有不少事件都源于远程访问入侵。事实上一些研究表明，大多数数据泄露事件皆与 IT 系统管理的第三方组件有关。

有一个我们可用来快速识别滥用系统访问的安全程序是很重要的。通过这种方式，我们能够限制那些可能由于未授权访问而造成的任何损害。但是作为一个安全专业人员，如何能够追踪到异常行为并且检测出遭受攻击？我们需要有高效的方法来监控远程访问数据。

不幸的是，许多用于第三方远程访问的时下产品并不提供精细的安全设置和全面的审计跟踪。即使提供了，它们也没有高级的滥用或异常检测能力来帮助安全专业人员识别潜在的未授权访问场景。

在本章中，我们将提供一些能在这类场景中用得上的技术和工具。我们将探索的一些内容包括通过编程检测策略实现的知识工程。如果你不知道如何编程，也不用担心。我们将提供简单技术和分步指导以方便用户完成后继内容的学习。

▌技术入门

首先，将简要介绍我们场景中涉及的技术背景。我们将专注于检测远程访问技术中的未授权访问。

用户可能已经熟悉将在我们场景中使用的一些技术，包括远程访问、

VPN 和 Python。场景中的主要数据集是 VPN 日志，我们将使用 Python 来创建一个处理 VPN 日志的程序。我们的目标是使用各种技术来识别数据集中的异常。

首先，让我们讨论一下数据及其所涉及的技术。

▶ 远程访问和 VPN

✓什么是 VPN?

基本上，VPN 是一个通用术语，用于描述在不安全或不可靠网络中（如 Internet 等公共网络）创建安全隧道的技术组合。该技术用于代替专用连接，通常指的是专用线路，并由此衍生出"虚拟"这个名称。通过使用此技术，流量显得好像运行在"私有"网络上一样。

✓ VPN 是如何工作的?

VPN 中的数据通过隧道传输。数据包被封装或包装在带有提供路由信息的新报头的另一个数据包中。这些数据包经过的路径被认为是隧道。也有不同的隧道协议，由于不在本书的范围内我们将不会涵盖这些协议。关于 VPN 另一个须关注的事项是，数据都会被加密。基本上，通过公共网络传递的隧道中的数据，在没有适当解密密钥的情况下是不可读的。这种方式可确保数据的机密性和完整性得到维护。

✓ VPN 的危险在哪里?

使用 VPN 通常被认为是远程访问时的好做法。这使得通过像因特网这种公共网络的数据包在没有适当的解密密钥的情况下不可读。它还确保了在传输期间数据不会被泄露或更改。但在默认情况下，VPN 通常不提供或不强制执行强用户认证。当前的 VPN 技术支持附加的双因子身份验证机制，例如先前提到的令牌以及各种其他验证机制。然而在默认情况下，它的认证只是用于访问内部网络的简单用户名和密码。这可能带来重大风险，因为可能存在攻击者获得权限得以访问这些凭证，进而访问内部资源的情况。这里有几个例子：

- 用户可能将他们的用户名和密码放在了错误的地方；
- 用户可能故意共享了他们的用户名和密码；
- 用户可能成为鱼叉式网络钓鱼（spear phishing）攻击的受害者；
- 用户可能正在使用已被恶意信息收集软件感染的计算机。

在任意上述情况下，一旦攻击者获得用户的凭证，假设网络也没有采用双因子身份验证机制，那么攻击者将能够访问用户当前通过远程配置文件和访问权限得以访问的那些内部资源。因此确定访问权限是确定潜在破坏程度的主要因素。

✓监控 VPN

由于本章涉及检测潜在的未授权远程访问，所以向用户提供关于记录 VPN 访问的简要背景尤为重要。大多数 VPN 解决方案具有这种或那种形式的日志记录功能。虽然大部分日志记录功能依赖于供应商，但 VPN 日志至少应包含以下信息：

- 个人的用户 ID；
- 访问日期和时间；
- 访问了什么资源；
- 访问这些资源的外部 IP。

有许多 VPN 解决方案，因此无法概述获取组织机构 VPN 日志数据的所有必要说明，但网络管理员应该能够向用户提供日志数据。出于本章的目的，我们将提供包含上述数据的示例数据集。

一般来说，日志数据很容易获得。但监控这些日志并确保登录的人员确实是组织机构的员工，又是另一回事。假设组织机构里有 5000 名员工，其中 1/4 采用 VPN 接入，则有超过 1000 个连接需要检查。显然用户不能询问每个员工是否建立了连接。我们当然不缺乏数据；然而我们受到自身分析能力的限制。这种分析的缺失将是我们在本章中予以关注的。

▶ Python 和脚本

在大多数情况下,我们会受困于所拥有的任何数据。如果用户的 VPN 软件能提供强健的检测和分析能力,能帮助用户识别潜在的异常访问,那么用户的组织机构就有了一个非常良好的开局。通常用户只需要一张 VPN 访问的电子表格,类似于我们会在本章向用户提供的。因此我们将向用户展示如何构建这种能力,并进行一点编程,以便用户可以进行自己的分析。

通常 99% 的安全专业人员都不会以编程为主业。除非直接重新创建软件中的漏洞或攻击,这是众所周知却很少使用的一个技能。我们相信掌握编程是安全专业人士宝贵且有用的技能。用户不需要知道如何编写复杂的软件,但编程可以帮助用户实现自动化工作,否则需要花费很多时间。比如说,我们想检查所有的 VPN 日志,这可能是一个重要的任务,所以特别是当逻辑重复时,提供一定程度的自动化的确会帮到用户。从这方面来看,知道如何编程或使用"脚本语言"将大大有利于用户提高过程的效率。

✓什么是一个脚本语言?

对于什么可以被认为是脚本语言,仍然有一些歧义。原则上任何编程语言都可以被用作脚本语言。脚本语言被设计为特定环境的扩展语言。通常脚本语言是用于任务自动化的编程语言,而不是由操作员一个接一个地去执行任务,例如,可以是系统管理员在操作系统中执行的一系列任务。为了达到我们的目的,用户可以将脚本语言看作通用语言。

脚本语言通常用于连接系统组件,有时也称为"黏合语言(glue languages)"。一个很好的例子是 Perl,它已经被频繁用于此目的。脚本语言也被用作各种可执行文件的"包装程序"。此外脚本语言旨在易于上手和易于编写。一个既好用又优质的脚本语言的例子就是 Python。因此将在我们的场景中使用这个语言。

✓ Python

Python 是一个相对容易学习且功能强大的编程语言。它的语法允许程序员用比其他语言更少的行数来创建程序。它还具有一个相当大而全面的库和第三方工具。它拥有多个操作系统的解释器，所以如果用户使用基于Windows、Macos 或 Linux 的计算机，应该能够访问和使用 Python。最后，Python 是免费的，由于它是开源的，Python 程序被许可免费发布。

Python 是一种解释型语言，意味着用户不必编译它，这一点不像很多传统语言，如 C 或 C++。Python 适合快速开发，节约大量的程序开发时间。因此它非常适合简单的自动化任务，例如我们在本章的场景中计划的那些任务。除此之外它的解释器提供一个易于实验的界面，可以交互使用。

✓资源

由于本书不是 Python 教科书，因此我们会指出有助于你开始使用Python 的真正的优质资源。以下是所推荐的资源列表：

✓ Codecademy

我们强烈推荐一个非常优质的起始资源就是 Codecademy 的 Pythontrack：http://www.codecademy.com/en/tracks/python。

Codecademy 是一个用于学习编程语言的在线交互式网站。其中一个关键资源是 Codecademy 的在线工具，它在你的浏览器中提供了一个沙盒，你可以在盒中实际测试代码。该网站还有一个为编码爱好者和初学者开设的论坛，它能在你遇到问题时提供帮助。

✓ Python. org

Python.org 是 Python 的官方网站。Python 是一个文档非常完备的语言——在其网站上可用的文档量相当可观。Python 3.4 的完整文档（在本书编写期间的稳定版本）可以从以下链接获得：https：//docs.python.org/3.4/。

正如你会看到，这里的文档是全面的。当你对 Python 有更多经验时，这将是一个极好的信息来源。但是在你走得更深入之前，应该去这个基本教程的链接开始入门学习：https：//docs.python.org/3.4/tutorial/index.html。

✓艰难的学习 Python 之旅

与标题相反，这里实际上是学习 Python 的优质资源。这是一个初学者的编程课程，包括视频和一本可下载的书籍。下面是它的主站：http://learnpythonthehardway.org。

但如果用户不想为视频和下载书籍付费，则此处的内容还可以通过在线版本获取：http://learnpythonthehardway.org/book/。

该课程包括约 52 次练习。根据用户的技能水平和用户想投入到学习语言上的时间，作者声称该课程可能短到只需要一周，也可能长达六个月。尽管如此，这依然是一个非常好的资源，你应该认真考虑仔细学习。

✓要学的东西

至少用户应该考虑学习以下的 Python 主题：Python 语法、字符串、条件、控制流、函数、列表和循环。

如果这是用户第一次使用脚本语言，也不要担心——并不是 Python 的专家才能继续阅读这一章。当我们检查场景时，我们将解释示例代码的每一段正在做什么。但在此之前，需要更详细地了解我们的场景和我们实际用来解决问题的技术。

▌场景、分析和技术

让我们讨论将使用的整体场景。我们将根据需要回答的问题对其进行分解：

- 问题是什么？
- 我们将使用的数据是什么，我们如何收集它们？
- 我们将如何分析数据？我们使用什么技术？
- 我们如何能够把分析技术实际地应用于数据？
- 如何提供结果？

▶ 问题

在我们的场景中，想展示如何识别对组织机构的潜在的、未经授权的远程访问。

▶ 数据收集

我们在场景中使用的数据是 VPN 访问日志。至少该数据将包含以下信息：

- 用户 ID；
- 访问日期和时间；
- 访问的内部资源（内部 IP）；
- 源 IP（外部 IP）。

假设下面列出的数据以电子表格的形式提供给我们，因为这是导出数据的最常见方式。现在作为本书的一部分你可以利用这个数据集。图 5.1 所示是从数据集中提取的一个样本。

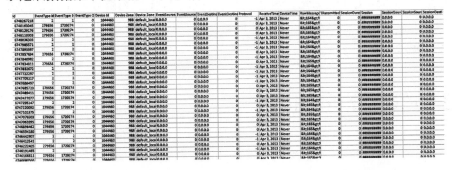

图 5.1　数据集样例：VPN 日志

▶ 数据分析

在开始识别潜在的异常 VPN 登录之前，让我们考虑一个更简单的场景。如果你正在浏览信用卡交易报表，并看到下面列出的事件，你会得出什么结论？

- 你的信用卡同时在两个不同的位置被使用过；
- 你的信用卡在俄罗斯被使用过（虽然你从来没有去过）；
- 你的信用卡同一小时内在两个不同的物理位置被使用，而一小时内在物理上双方不可达；
- 你的信用卡一周之内在一百个不同的地方被使用。

这些是你的信用卡可能已被盗刷的标志。尽管这是一个简单的例子，但我们将通过寻找表明损害的异常行为，在我们的场景中扩展这类分析。

现在来看看我们的 VPN 访问日志。假设你只需要检查你的访问。如何手动查看 VPN 访问日志？你应该查找什么？这可能是相当简单的。让我们使用与信用卡交易相同的事实模式。

- 你的用户 ID 从两个不同的 IP 地址同时登录；
- 你的用户 ID 从俄罗斯登录（虽然你从来没有去过）；
- 你的用户 ID 在一小时内分别从你办公室和你家使用了两次，但在一小时内双方不可达；
- 你的用户 ID 在一周内从一百个不同的 IP 地址登录。

这很好理解，这只是普通的逻辑和常识，假设我们只寻找上面列出的狭义事实模式。如果你再思考一下，或许有一些你可以在其中查找类似的异常行为的其他场景。例如，下面列出的示例问题可能会让我们发现异常的用户连接：

- 用户会话通常持续多少时间？
- 给定用户通常什么时候登录？
- 给定用户的连接通常是什么时候发起的？

- 给定源 IP 地址通常是什么时候发起的?
- 所有连接通常是什么时候来发起的?
- 来自某个城市(基于 IP 地址)的连接通常是什么时候发起的?
- 内部系统的登录时间和访问时间之间的关系是什么?
- 给定用户通常什么时候注销?
- 源 IP 地址通常什么时候注销?
- 用户的国家/地区通常什么时候注销?
- 用户的城市通常什么时间注销?
- 一个内部访问的系统是什么时候与外部 VPN 有同样的注销时间?
- 给定用户源自哪个源 IP 地址?
- 给定用户源自哪个国家/地区?
- 给定用户源自哪个城市?
- 给定用户名通常访问哪个内部系统?
- 与国家/地区相关联的通常是什么 IP 地址?
- 与城市相关联的通常是什么 IP 地址?
- 什么用户连接到内部系统?
- 一个给定城市与哪个国家相关联?
- 从哪个国家访问哪些内部系统?
- 从某些城市访问哪些内部系统?

　　如你所见,我们已经提出了多个问题,或许能表明一个潜在的可疑连接。但现在,让我们关注一个潜在的关键因素:连接距离。显然,即使用户正在远程工作,如果用户从多个位置登录,而他们从物理上又不可能在那里,这就是可疑之处。当然也可能有例外。例如用户可以从特定位置处的一个机器登录,注销该机器,然后在不同位置从不同机器登录;然而这种行为本身也是可疑的。

　　所以,首先我们需要问自己,什么是确定位置之间距离是否重要的好方法。为此我们可以使用 haversine 距离。

　　Haversine 距离是用于找到一对经度坐标之间大圆距离的公式。基本上它是地理距离(纬度和经度)的计算,它包含测量球面距离的概念(因为地球是非完全球体)。这个方程在导航中较为重要,但是还能用于其他应用。例如,它可以用于确定在某一地理区域内卫生保健设施的可达性。Haversine距离技术还可用于犯罪分析,例如用于发现在特定距离内发生的事故。

我们不会涉及计算一个 haversine 距离的数学方法,但我们将介绍如何将它应用到我们的问题。简单来说 haversine 距离越大,远程登录发起源之间的距离也越大。并且在给定时间跨度中一个特定用户远程登录之间的距离越大,其为潜在异常用户访问的概率越大。

▶ 数据处理

所以现在我们有数据(VPN 日志),我们有自己的分析技术(haversine 距离)。但我们如何把这些放在一起?这时我们的脚本或"胶水"语言就该上场了。为了处理这些数据,我们必须创建一个将执行以下操作的脚本:

- 导入数据:我们需要能够导入 VPN 日志,以便我们的程序可以处理它。例如,如果数据是电子表格的形式,那么我们需要能够将电子表格中的数据加载到内存中,以便我们可以预处理数据,然后应用我们的分析技术。

- 预处理数据:"预处理"使数据更好的结构化,由此它可以用于我们的分析技术。例如,我们的 VPN 日志只有源 IP。为了实际地获得 haversine 距离,我们需要能够获得纬度值和经度值。除此之外,我们还需要做一些错误检查和验证,以确保我们输入的分析数据是有效的。正如所说的,"无用输入,便无用输出"。

- 应用分析技术:一旦我们拥有了所有必要的数据,我们将使用自己的分析技术,这个例子中所用到的就是 haversine 距离。

- 生成结果:最后,一旦我们得到了 haversine 距离,我们将需要为一定时间内的异常确定一个阈值。显然我们将在更短的登录频率跨度中寻找更大的 haversine 距离,因为这部分登录更可疑。

我们已经介绍了在开发 Python 程序中将遵循的基本步骤。在下一节中，我们开始深入 Python 程序的内部。如果你有一些编程知识，可以跟随程序的流程（即循环和条件），即使没有任何 Python 知识你也应该能够理解该案例研究。如果你没有编程知识，可以随时阅读上一节中提供的入门资源。

案例学习

导入你所需要的

```
import argparse
import re
import csv
import math
from datetime import datetime
```

现在让我们来看看代码。首先你会看到几个 import 语句。大多数编程语言并不会要求程序员从头开始做所有事情。例如，如果有人已经创建了处理日期和时间的脚本，通常就不需要从头开始编写。通常有很多"模块"可供程序员"导入"，因此他们可以复用这些脚本并将它们合并到其他程序或脚本中。这基本上就是在上面概述的程序代码中发生的主要过程。

Python 代码通过导入模块的过程来获取这个模块提供的功能。正如所看到的，import 语句是调用导入功能最常用的方法。

让我们仔细检查一下导入的每个模块：

- **argparse 模块**为你的脚本创建命令行界面，如：

```
python yourporgramname.py arguments
```

此模块自动定义它需要的参数，生成帮助和使用消息，并在用户给出程序无效参数时提示错误。我们将使用此模块从我们的命令行接受参数，例如我们要处理的 VPN 日志文件的名称。

- **re 模块**为 Python 程序提供正则表达式支持。一个正则表达式指定一组与之匹配的字符串。基本上此模块中的函数检查特定字符串是否与给定的正则表达式对应匹配。如果对正则表达式的认知有限,那么从网站中可以获得大量的参考材料。由于我们的 VPN 日志大多是非结构化文本,因此将使用此模块解析 VPN 日志中的事件,进而生成更结构化的数据集。

- **csv 模块**为读取、写入和操作 CSV 或"逗号分隔值"提供支持和各种功能。CSV 格式可能是电子表格和数据库最常见的导入和导出格式。应该注意到因为没有标准的 CSV 格式,所以它可以根据应用程序的差异而有所不同。有些 CSV 文件中分隔符甚至不是逗号——它们可以是空格、制表符、分号(;)、插入符号(^)或管道符号(|)。但是总体格式足够相似,所以此模块完全可对它们进行同样的读取和写入表格数据操作。我们将在自己的场景中使用此模块来处理 CSV 格式的 VPN 日志,并且也会以相同的格式生成结果。

- **math 模块**提供了对基于 C 语言标准定义的数学函数的访问。在脚本的计算部分我们需要 math 模块,特别是当使用 haversine 距离公式时。

- **datetime 模块**用简单和复杂两种方式提供了用于操作日期和时间的类。虽然支持日期和时间计算,但在本书中应用此模块的重点是对输出格式化和操作的高效属性提取。相关功能请参阅 time 和 calendar 模块。

```
# requires maxmind geoip database and library
# http://dev.maxmind.com/geoip/legacy/install/city/
import GeoIP
```

我们还将使用名为 GeoIP 的第三方模块。这是 MaxMind 的 GeoIP 模块,它将使程序能够从 IP 地址识别地理信息。最重要的是我们关心用于 haversine 距离计算的纬度和经度,但它也允许我们识别位置、组织机构和连接速度信息。MaxMind 的 GeoIP 模块是较受欢迎的地理位置数据库之一。更多信息请看这个链接:http://dev.maxmind.com/geoip/geoip2/geolite2/。

对于我们的场景将使用 GeoLite 2 数据库，这也是来自 MaxMind 的一个免费的地理位置数据库。它相对来说还不错，虽然不如该公司的首席产品（即 GeoIP 2 数据库）准确。

要开始使用 MaxMind GeoIP，请访问此链接并将其安装到系统中：http：//dev．maxmind．com/geoip/legacy/install/city/。

上面的链接中提供了在 Linux 或 UNIX 系统上安装 GeoIP City 所需步骤的简要概述。在 Windows 上的安装是类似的，只需要使用 WinZip 或类似的 ZIP 程序。简要步骤如下：

- 下载数据库；
- 安装数据库；
- 查询数据库。

▶ 程序流程

```python
def main():
""" Main program function """
args = parse_args()

# read report(读取报告)
header, rows = read_csv(args.report)

# normalize event data(事件数据标准化)
events = normalize(header, rows)

# perform analytics(进行分析)
events = analyze(events)

# write output(输出)
write_csv(args.out, events)

if __ name __ == '__ main __':
main()
```

主函数提供实际程序的流程。图 5.2 说明了程序将如何工作。

图 5.2 远程访问 Python 分析程序流程

该流程较为直白,因为它是一个非常简单的程序。以下是对整个程序流程的额外描述。

- 程序将读取并解析命令行参数。这就使得程序知道需要处理哪个 VPN 日志。
- 一旦通过参数传递了文件名,程序将读取该文件。
- 在读取文件时,程序将开始标准化 VPN 日志的内容。这意味着数据被转换为更有利于处理的格式。
- 一旦数据被标准化,程序将执行分析,在此案例中分析包括 GeoIP 处理,它包含识别纬度和经度以及对 haversine 距离的计算。
- 最后我们将生成报告,指出那些具有最远 haversine 距离的账户。

在接下来的部分中,我们将逐一详细查看每个流程和代码段。

▶ 解析参数

让我们查看一下读取和解析命令行参数的代码。使用主程序中的调用来解析参数。

```
args = parse_args()
```

调用的函数叫作 parse_args():

```
def parse_args():
    # parse commandline options
    parser = argparse.ArgumentParser()
    parser.add_argument('report',
                        type = argparse.FileType('rb'),
                        help = 'csv report to parse')
    parser.add_argument('-o', '--out', default = 'out.csv',
                        type = argparse.FileType('w'),
```

```
                    help = 'csv report output file')
    return parser.parse_args()
```

基本上，此代码片段允许程序能够接受命令行参数。本例中，希望能够
传递两个参数：

- 想要处理的 VPN 日志文件的名称；
- 将写入结果的输出文件的名称。

在代码中重要的部分是 parser.add.argument 方法。你会注意到，我们
有两个语句对应需要采集的两个参数。

总的来说，这允许我们以下面的方式发送一个命令：

python analyze.py vpn.csv -o out.csv

你还会看到并不需要"-o"，因为它对 out.csv 是默认的，你将在程序的
第二个 add-argument 语句中看到。

▶ 读取 VPN 日志

让我们查看一下读取包含 VPN 日志文件的代码。该功能在主程序中由
以下语句实现：

```
# read report(读取报告)
  header, rows = read_csv(args.report)
The function that is called read_csv():
def read_csv(file):
  """ Reads a CSV file and returns the header and rows """
with file:
  reader = csv.reader(file)
  header = reader.next()
  rows = list(reader)
return header, rows
```

这段代码允许程序读取 CSV 文件。这里是代码实现的各种进程：

- 创建一个名为 reader 的 CSV 对象。这会用到之前导入的 CSV 模块。
  CSV 模块提供了操作表格数据的方法。

- reader 对象遍历给定 CSV 文件中的行。从该 CSV 文件读取的每一行都将作为一个字符串列表返回。
- 因为我们的数据文件的第一行包含一个头（行的标题），程序遍历到第一行并获取头信息。该信息被存储在 header 变量中。
- 文件的内容或日志本身被加载到 rows 变量中。

最后，我们将 VPN 日志文件的全部内容加载到内存中，并将其返回给程序作进一步处理。

▶ 标准化来自 VPN 日志的事件数据

在我们将所有数据加载到内存之后，下一步是标准化事件数据。这是通过从主程序中调用以下代码完成的：

```
# normalize event data(事件数据标准化)
events = normalize(header, rows)
```

标准化数据的函数称为 normalize()：

```
def normalize(header, rows):
    """ Normalizes the data """
    events = []
    for row in rows:
        timestamp = row[header.index('ReceiveTime')]
        raw_event = row[header.index('RawMessage')]
        event = Event(raw_event)
        event.timestamp = datetime.strptime(timestamp, TIME_FMT)
        events.append(event)
    return sorted(events, key = lambda x: (x.user, x.timestamp))
```

上面的代码段标准化了来自 VPN 日志的数据。我们标准化这些数据，因为 VPN 日志作为最常见的日志，是典型的非结构化文本，类似于下面列出的。

```
<164>% ASA - 4 - 722051: Group < VPN_GROUP_POLICY >
User < user1 > IP < 108.178.181.38 > Address < 10.10.10.10 > assigned to
session
```

通常如果想分析数据，你会对其进行处理以使其处于可用格式，使用 normalize()方法来做到这一点。在本例中我们想要构造数据，以便能够将数据分成以下元素：

- 用户 ID；
- 外部 IP 地址；
- 内部 IP 地址；
- 日期和时间。

让我们查看一下代码，看看它做了什么：

- 程序加载 ReceiveTime 列和 RawMessage。通过 CSV 模块的 reader 对象获取这些列。
- 然后程序将时间戳处理为更可用的格式。有一些格式不能很好地用于操作数据。在这种情况下，VPN 日志中诸如"Apr 3,2013 2：05：20 PM HST"这样的格式是有助于数据操作（例如排序操作）的字符串。我们使用 datetime.strptime()类方法将字符串转换为实际的日期/时间格式，从而允许对数据执行日期/时间操作。
- 程序将 rawmessage 传递给一个 Event 对象。首先让我们来看看 Event 类。Event 类看起来像下面的代码：

```
class Event(object):
    """ Basic event class for handling log events """
    _rules = []
    _rules.append(Rule('ASA - 4 - 722051', 'connect', CONNECT))
    _rules.append(Rule('ASA - 5 - 722037', 'disconnect', DISCONNECT))


def __init__(self, raw_event):
    for rule in self._rules:
        if rule.key in raw_event:
            self._match_rule(rule, raw_event)
            self.key = rule.title


def _match_rule(self, rule, raw_event):
    match = rule.regex.match(raw_event)
    for key, value in match.groupdict().iteritems():
```

```
        setattr(self, key, value)

def __str__(self):
    return str(self.__dict__)


def __repr__(self):
    return repr(self.__dict__)
```

Event 类使用 Rule 类，如下所示：

```
class Rule(object):
    """ Basic rule object class """
    def __init__(self, key, title, regex):
        self.key = key
        self.title = title
        self.regex = re.compile(regex)
```

- Event 类和 Rule 类是做什么的？基本上这些功能用于将 VPN 日志解析为"结构化"事件。这是通过"规则"类完成的，它使用正则表达式来分解字符串。例如，使用以下命令解析 VPN 日志中的"连接"事件：

```
CONNECT = (r'.*> User <(?P<user>.*)> IP <(?P<external>.*)> 'r'
Address <(?P<internal>.*)> assigned to session')
```

- 如果使用 CONNECT 变量中的正则表达式查看上面的命令，程序将能够从 VPN 日志的原始消息中提取用户、外部 IP 和内部 IP 信息。
- 最后，一旦我们解析和标准化了所有需要的信息，我们就根据用户和时间戳对事件进行排序。通过这些工作，我们将能够比较以下内容：
  - 用户当前登录的时间和地点；
  - 在当前登录之前用户登录的时间和地点。

随着我们对数据的深入分析，其原因将更加明显。

▶▶ 执行分析

```
def analyze(events):
    """ Main event analysis loops """
```

```
gi = GeoIPopen(GEOIP_DB, GeoIP.GEOIP_STANDARD)
for i, event in enumerate(events):
    # calculate the geoip information
    if event.external:
        record = gi.record_by_addr(event.external)
        events[i].geoip_cc = record['country_code']
        events[i].geoip_lat = record['latitude']
        events[i].geoip_long = record['longitude']
    # calculate the haversine distance
    if i > 0:
        if events[i].user == events[i-1].user:
            origin = (events[i-1].geoip_lat, events[i-1].geoip_long)
            destination = (events[i].geoip_lat, events[i].geoip_long)
            events[i].haversine = distance(origin, destination)
        else:
            events[i].haversine = 0.0
    else:
        events[i].haversine = 0.0
return events
```

这是我们所创建的脚本的"实质部分"。此处就是我们计算 haversine 距离并用以检测异常 VPN 连接的地方。首先我们需要获得位置信息。我们通过识别连接的位置和利用 MaxMind GeoIP API 得到此信息：

```
gi = GeoIP.open(GEOIP_DB, GeoIP.GEOIP_STANDARD)
for i, event in enumerate(events):
    # calculate the geoip information
    if event.external:
        record = gi.record_by_addr(event.external)
        events[i].geoip_cc = record['country_code']
        events[i].geoip_lat = record['latitude']
        events[i].geoip_long = record['longitude']
```

在这里可以看到我们创建了一个 GeoIP 对象。然后我们浏览所有事件并传递外部 IP 地址（使用 event.external）以获取以下 GeoIP 信息：

- 国家代码；

- 纬度；

- 经度。

纬度和经度是我们在这里计算 haversine 距离所需的必要元素：

```
# calculate the haversine distance
if i > 0:
    if events[i].user == events[i-1].user:
      origin = (events[i-1].geoip_lat, events[i-1].geoip_long)
      destination = (events[i].geoip_lat, events[i].geoip_long)
      events[i].haversine = distance(origin, destination)
    else:
        events[i].haversine = 0.0
else:
    events[i].haversine = 0.0
```

我们比较一个用户在此部分中的前后连接。这里是关于代码如何运作的虚拟程序代码：

- 上一个事件是来自同一用户吗？

- 如果是，则：

  - 用户的当前连接来自哪里？

  - 当前连接之前的连接来自哪里？

  - 计算 haversine 距离。

- 如果否，则：

  - 对 haversine 计算清零。

很简单，不是吗？那么现在该如何计算 haversine 距离？须使用代码中的距离方法：

```
def distance(origin, destination):
  """ Haversine distance calculation
  https://gist.github.com/rochacbruno/2883505 </u>
  """
  lat1, lon1 = origin
  lat2, lon2 = destination
  radius = 6371 # km
  dlat = math.radians(lat2 - lat1)
  dlon = math.radians(lon2 - lon1)
  a = math.sin(dlat/2) * math.sin(dlat/2) + math.cos(math.radians(lat1))
  \ * math.cos(math.radians(lat2)) * math.sin(dlon/2) * math.sin(dlon/2)
```

```
c = 2 * math.atan2(math.sqrt(a), math.sqrt(1 - a))
d = radius * c
return d
```

如果没有教你数学方法的话,这个算法有点难以解释,所以我们不会在这本书中介绍这些细节。你所需要知道的关于此段代码的重要事情,就是我们使用的技术以及知道如何使用 Google!

在这种情况下,对 Havesine Python 做一个简单搜索就会让你获得大量资源。在 Github 中 Waybe Dyck 提供了一段 haversine 计算的代码,而这就是我们将使用的代码! 现在是运行它并分析结果的时候了。

▶️ 分析结果

为了运行代码,你真正需要做的是输入以下命令:

```
python analyze.py vpn.csv -o out.csv
```

当程序运行时,它将执行以下操作:

- 从 vpn.csv 加载 VPN 日志信息;
- 该程序将运行我们在上一节中讨论的分析;
- 然后程序将结果写入一个名为 out.csv 的文件中。

在电子表格中打开 vpn.csv 文件,看看结果。结果应该类似于图 5.3 所示的内容。

这里的重要信息在最后一列,包含了 haversine 距离。这应该是你查看的重点。我们想要寻找更大的 haversine 距离,因为它意味着登录位置之间相隔更远。因此 haversine 距离越大,它的可疑性就越大。

让我们研究一些例子,使它更清楚直观。首先,以下是进行检查的一些快速指南:

- 忽略为 0 的 haversine 距离。
- 查找较大的 haversine 距离(例如,大于 1000)。通常这由你自行决定,但大部分是常识。例如让我们看看 user8(图 5.4)。

timestamp	user	external	reason	geoip_cc	geoip_lat	geoip_lon	haversine
4/3/13 9:12	user1	67.53.40.236		US	21.3209	-157.8389	0
4/3/13 9:15	user1	67.53.40.236	User Request	US	21.3209	-157.8389	0
4/3/13 9:47	user1	67.53.40.236		US	21.3209	-157.8389	0
4/3/13 9:49	user1	67.53.40.236	User Request	US	21.3209	-157.8389	0
4/1/13 16:43	user2	72.234.151.233		US	19.4601002	-155.0246	0
4/1/13 18:17	user2	72.234.151.233	User Request	US	19.4601002	-155.0246	0
4/1/13 20:49	user2	72.234.151.233		US	19.4601002	-155.0246	0
4/1/13 22:46	user2	72.234.151.233	User Request	US	19.4601002	-155.0246	0
4/2/13 23:22	user3	75.85.132.182		US	21.4701004	-157.9637	0
4/3/13 1:56	user3	75.85.132.182	DPD failure.	US	21.4701004	-157.9637	0
4/3/13 1:57	user3	75.85.132.182	DPD failure.	US	21.4701004	-157.9637	0
3/30/13 23:40	user4	50.113.7.155		US	21.3421993	-157.8374	0
3/31/13 0:42	user4	50.113.7.155	User Request	US	21.3421993	-157.8374	0
4/1/13 10:40	user4	50.113.7.155		US	21.3421993	-157.8374	0
4/1/13 12:27	user4	50.113.7.155	User Request	US	21.3421993	-157.8374	0
3/27/13 16:27	user5	12.226.166.178		US	33.2229996	-117.1069	0
3/27/13 16:45	user5	12.226.166.178	User Request	US	33.2229996	-117.1069	0
3/28/13 18:43	user5	12.226.166.178		US	33.2229996	-117.1069	0
3/28/13 19:26	user5	12.226.166.178	User Request	US	33.2229996	-117.1069	0
3/31/13 17:30	user5	12.226.166.178		US	33.2229996	-117.1069	0
3/31/13 17:40	user5	12.226.166.178	User Request	US	33.2229996	-117.1069	0
3/27/13 16:03	user6	70.199.227.232		US	45.5233994	-122.6762	0
3/28/13 10:39	user6	70.199.227.232	Transport clo	US	45.5233994	-122.6762	0
3/28/13 14:08	user6	70.199.224.111		US	45.5233994	-122.6762	0
3/28/13 16:20	user6	70.199.224.111	Transport clo	US	45.5233994	-122.6762	0
4/3/13 9:09	user6	70.199.228.226		US	45.5233994	-122.6762	0
3/27/13 22:21	user7	76.88.137.124		US	21.3267002	-157.8167	0
3/28/13 1:08	user7	76.88.137.124		US	21.3267002	-157.8167	0
3/28/13 2:23	user7	76.88.137.124	Transport clo	US	21.3267002	-157.8167	0
3/28/13 22:16	user8	76.93.194.140		US	21.3775005	-158.0862	0
3/28/13 22:46	user8	76.93.194.140	User Request	US	21.3775005	-158.0862	0
3/29/13 19:07	user8	24.43.224.194		US	24.8598003	-168.0218	1086.93909
3/29/13 20:02	user8	24.43.224.194	DPD failure.	US	24.8598003	-168.0218	0
3/29/13 20:04	user8	24.43.224.194	DPD failure.	US	24.8598003	-168.0218	0
3/31/13 19:23	user8	76.93.194.140		US	21.3775005	-158.0862	1086.93909
3/31/13 22:21	user8	76.93.194.140	Transport clo	US	21.3775005	-158.0862	0
3/28/13 10:38	user9	98.150.159.172		US	21.2982998	-157.7919	0
3/28/13 12:26	user9	98.150.159.172	User Request	US	21.2982998	-157.7919	0
3/29/13 8:56	user9	98.150.159.172		US	21.2982998	-157.7919	0
3/29/13 13:41	user9	98.150.159.172	User Request	US	21.2982998	-157.7919	0
3/29/13 15:04	user9	98.150.159.172		US	21.2982998	-157.7919	0

图 5.3　远程访问脚本的样例输出

3/28/13 2:23	user7	76.88.137.124	Transport clo	US	21.3267002	-157.8167	0
3/28/13 22:16	user8	76.93.194.140		US	21.3775005	-158.0862	0
3/28/13 22:46	user8	76.93.194.140	User Request	US	21.3775005	-158.0862	0
3/29/13 19:07	user8	24.43.224.194		US	24.8598003	-168.0218	1086.93909
3/29/13 20:02	user8	24.43.224.194	DPD failure.	US	24.8598003	-168.0218	0
3/29/13 20:04	user8	24.43.224.194	DPD failure.	US	24.8598003	-168.0218	0
3/31/13 19:23	user8	76.93.194.140		US	21.3775005	-158.0862	1086.93909
3/31/13 22:21	user8	76.93.194.140	Transport clo	US	21.3775005	-158.0862	0

图 5.4　查看 user8 的访问行为

　　user8 有一个相当大的 haversine 距离。例如，如果你使用 http://www.geoiptool.com 进行地理位置查找，会显示连接来自同一州（夏威夷）但位于不同的城镇。你也可以看到登录日期相隔一天，所以它不是看起来那样的可疑用户。但是根据你的容忍程度，你可以制定策略调用并验证用户的登录信息是否对那天有效。

■ 让我们在列表中查找更大的 haversine 距离。你会看到一些相当大的值，如 user90 的这一个（如图 5.5 所示）。

4/1/13 22:15	user90	76.93.217.150	US	21.3267002	-157.8167	2.3884208
4/1/13 22:53	user90	76.93.217.150	US	21.3267002	-157.8167	0
4/2/13 11:26	user90	66.175.72.33	US	21.3209	-157.8389	2.3884208
4/2/13 12:10	user90	66.175.72.33	US	21.3209	-157.8389	0
4/2/13 13:05	user90	108.178.181.38	US	21.3136005	-157.80569	3.53389091
4/2/13 13:56	user90	108.178.181.38	US	21.3136005	-157.80569	0
4/2/13 15:48	user90	66.175.72.33	US	21.3209	-157.8389	3.53389091
4/2/13 16:06	user90	64.134.237.89	US	34.0522003	-118.2437	4117.41858
4/2/13 16:59	user90	66.175.72.33	US	21.3209	-157.8389	4117.41858
4/2/13 17:15	user90	64.134.237.89	US	34.0522003	-118.2437	4117.41858
4/3/13 9:17	user90	66.175.72.33	US	21.3209	-157.8389	4117.41858
4/3/13 10:42	user90	66.175.72.33	US	21.3209	-157.8389	0
4/3/13 12:33	user90	66.175.72.33	US	21.3209	-157.8389	0
4/3/13 13:28	user90	66.175.72.33	US	21.3209	-157.8389	0
4/3/13 14:05	user90	108.178.181.38	US	21.3136005	-157.80569	3.53389091

图 5.5　查看 user90 的访问行为

这里有几个相当大的 haversine 距离。如果你使用 GeoIP 定位器，则可以将此用户的连接行为拼凑在一起：

■ 64.134.237.89（Hawaii）

■ 66.175.72.33（California）

■ 64.134.237.89（Hawaii）

■ 66.175.72.33（California）

注意，这是一天内的跨度。实际上前 3 次登录是几小时内的跨度。这显然是值得调查的，至少应该有一个安全官员质疑 user90 的这些登录。当然这并不自动地意味着这些连接是恶意的。可能存在导致用户通过远程计算机进行连接的有效原因。无论如何，这是值得探究的。

让我们看看另一个例子（如图 5.6 所示）。它有一个更大的 haversine 距离。

4/1/13 11:16	user91	66.175.72.33	US	21.3209	-157.8389	0
4/1/13 11:48	user91	66.175.72.33	US	21.3209	-157.8389	0
4/1/13 21:23	user91	72.235.23.189	US	21.3469009	-158.0183	18.804763
4/2/13 9:08	user91	72.235.23.189	US	21.3469009	-158.0183	0
4/2/13 9:09	user91	72.235.23.189	US	21.3469009	-158.0183	0
4/2/13 17:09	user91	72.235.23.189	US	21.3469009	-158.0183	0
4/3/13 6:29	user91	72.235.23.189	US	21.3469009	-158.0183	0
4/3/13 10:20	user91	198.23.71.73	US	32.9299011	-96.835297	6106.99523
4/3/13 10:20	user91	198.23.71.73	US	32.9299011	-96.835297	0
4/3/13 11:21	user91	198.23.71.73	US	32.9299011	-96.835297	0
4/3/13 13:45	user91	66.175.72.33	US	21.3209	-157.8389	6091.56662

图 5.6　查看 user91 的访问行为

如果我们对此做进一步调查，会看到这一连接行为在一天内的跨度：

- 72.235.23.189（Hawaii）
- 198.23.71.73（Texas）
- 198.23.71.73（Texas）
- 198.23.71.73（Texas）
- 66.175.72.33（Hawaii）

正如我们已经讨论过的，由于这些连接都是发生在几小时的跨度内。这不是一个恶意连接的绝对指标，这类连接可能的原因包括：

- 用户正在通过远程机器连接。
- 用户正在使用某种代理或移动服务。
- 有些用户正在共享账户。
- 账户遭到入侵，同时恶意用户正在作为合法用户进行连接。

在任意上述场景下验证这些连接是否有效都是值得的。最终这类检查可以成为常规的远程访问检查程序，其目标是识别潜在的恶意远程连接。除了检查 haversine 距离，你也可以使用脚本作为创建其他分析方法的基础，来识别其他的非法远程访问连接。你可以考虑扩展你的脚本，包括以下内容：

- 同一用户的并发连接；
- 并发用户；
- 两个时间之间的连接；
- 来自某些国家的连接；
- 每天连接次数总数超过 x；
- 用户异常连接的次数；
- 来自异常位置的用户连接；
- 连接的频率，以及更多……

这里讨论的原理也可以应用于其他数据集。例如该技术可以用于检查服务器或数据库访问日志。该脚本可以很容易地调整为查看物理访问日志，以及用于识别在异常时间或以异常频率对设备的物理访问。

第6章
安全和文本挖掘

本章指南：

- 文本挖掘安全分析中的场景和挑战
- 使用文本挖掘技术来分析和查找非结构化数据中的模式
- R 语言中逐步文本挖掘案例
- 其他适用的安全领域和场景

▌文本挖掘安全分析中的场景和挑战

　　大量的非结构化数据从在线资源收集而来,例如电子邮件、呼叫中心的记录、维基百科、在线公告板、博客、推文、网页等。此外如第 5 章所述,大量的数据也会以半结构化格式被收集,例如包含来自服务器和网络信息的日志文件。半结构化数据集既不是完全如同电子邮件文本那样的自由格式,也不像关系数据库中表和列那样的严格结构化。文本挖掘分析对于非结构化和半结构化文本数据都适用。

　　有很多方法可以将文本挖掘用于安全分析。可以通过分析电子邮件来发现字和短语中的模式,它可能指出一个钓鱼攻击。呼叫中心记录可以转换为文本,被分析后能找出模式和短语,这可能表明尝试使用被盗身份,获取安全系统的密码或执行其他欺诈行为。可以通过抓取和分析网站来找到安全相关主题中的趋势,例如最新的僵尸网络威胁、恶意软件和其他互联网危害。

　　已有大量新工具可用于应对分析非结构化文本数据的挑战。虽然有许多商用工具,但通常它们都比较昂贵。也有一些工具是免费和开源的,我们将在本章重点介绍开源工具。当然这并不是说商用工具价值就小。许多工具有着显著地易用优势,并提供了种类繁多的分析方法。在某些情况下,收益或许能超过成本。然而开源软件工具可以被大多数读者访问,而无须考虑预算限制,并且对于学习一般的文本挖掘分析方法是有用的。

　　用于分析小型到中型体量文本的流行开源软件包括 R、Python 和 Weka。在大数据的情况下,用于挖掘文本中关系的流行工具包括 Hadoop/MapReduce、Mahout、Hive 和 Pig 等。由于在一个名为 tm 的包中有一套特别全面的 R 语言适用的文本挖掘工具集,所以我们将在本章中主要关注 R 语言。tm 软件包可以从 CRAN 存储库下载,网址为 www.cran.r-project.org。

使用文本挖掘技术分析和查找非结构化数据中的模式

文本挖掘，是指通过分析文本数据找到重要主题之间隐藏关系的过程。不管使用何种工具集或语言，文本挖掘中使用的方法对所有人都是通用的。本节提供了一些较常见的文本挖掘方法和数据转换的简要描述。但是这并不意味着对该主题的全面涉猎。相反，这些概念涵盖了学习本章后面提供的示例所需的一些基础知识。

▶▶ 文本挖掘基础

为了用计算机分析文本数据，将其从文本转换为数字是很有必要的。实现这一点的最基本方法是统计某些单词在文档中出现的次数。结果通常是体现单词使用频率的矩阵或表格。

在表格中表示单词频率的常见方式是在任意一个收集到的文档中出现过的每个单词都用单独列来表示。这种安排称为"文献检索词矩阵"。也可以转置该矩阵，使得每个文档名称变为列标题，同时每行表示不同的单词。这种安排称为"关键词检索矩阵"。对于本章后面的示例，我们将关注文献检索词矩阵格式，其中每一列代表一个单词。

列中每个唯一的单词标题可以互换地称为"关键词""标记"或简称为"单词"。这可能令文本挖掘初学者感到困惑。但是只要记住"关键词"和"标记"仅仅是指一个单词的单一表达。

文献检索词矩阵表中的每一行表示单个文档。例如，一行可能表示单个博客，而表中的其他行表示其他博客。

表格正文中的数值表示每个单词在给定文档中出现的次数。可能有许多关键词只出现在一个文档中或只出现在几个文档中。这些频率数可以被进一步变换，来解释诸如文档大小的差异，将单词减小到它们的根形式，以及根据某些单词在给定语言中通常出现的方式来反向加权频率。

▶ 文本挖掘的常见数据转换

文本数据的杂乱是众所周知的。文本挖掘中使用的许多常见数据转换仅仅只是让数据可被分析。例如,文本通常包含对于分析单词频率无意义的额外字符。这些字符甚至连额外的空格都必须被删除。

一些最常出现的词语在任何语言中对大多数类型的分析来说都是无意义的,必须删除。这些词汇被收集在"停用词表"中,它也被称为"停用词语料库"。该列表通常包括诸如 the、of、a、is、be 以及数百的其他单词,虽然经常出现在文档中,但大多数文本挖掘项目都对它们不感兴趣。计算机可以将文档中出现的单词与停用词表进行比较,只有那些没有出现在停用词表中的单词才会被包含在词频表中。

■ R 语言中分步实现文本挖掘的示例

对于我们的示例,假设希望了解 Web 黑客事件数据库(Web Hacking Incident Database,WHID)中报告的系统漏洞的常见主题,该数据库位于 webappsec.org 上并由 Web 应用程序安全联盟维护。由于适中的大小和易于数据收集,该数据库很便于用作演示目的。数据库网站允许用户下载 CSV 格式的数据,使其易于导入 R 语言或几乎任何用于分析的其他文本挖掘软件。可以检索这些示例数据集的完整 URL 是:https://fusiontables.google.com/DataSource?snapid=S195929w1ly。

▶ 示例数据集

上述数据由 19 列组成,以下是所有列标题的完整清单:

- "EntryTitle"
- "WHIDID"

- "DateOccured"

- "AttackMethod"

- "ApplicationWeakness"

- "Outcome"

- "AttackedEntityField"

- "AttackedEntityGeography"

- "IncidentDescription"

- "MassAttack"

- "MassAttackName"

- "NumberOfSitesAffected"

- "Reference"

- "AttackSourceGeography"

- "AttackedSystemTechnology"

- "Cost"

- "ItemsLeaked"

- "NumberOfRecords"

- "AdditionalLink"

为了演示的目的，我们将关注两个列：DateOccurred 和 IncidentDescription。它们分别是列 3 和列 9。注意，为了分析的目的，我们从列名称中删除了空格。列名中的空格可能会使一些分析算法产生问题。如果希望下载自己的数据集来进行这种分析，则需要自行删除空格，以使列名显示正如上述列表中的一样。

我们大部分的 R 代码将专门用于 IncidentDescription 列，因为文本主体的绝大部分在这里。此列包含每个事件十分详细的描述。每段描述可以多达几百字甚至更多，比数据集中的任何其他列提供更多文本进行分析。文本分析也可以执行在其他列上，甚至可以揭示不同列变量之间的一些有趣关系。然而通过关注"IncidentDescription"列，我们会令这种分析过程尽可能简单，作为基础文本挖掘方法和技术的介绍。

▷ R 代码浏览

✓ 初始化软件包库并且导入数据

```
rm(list = ls())  # Start with a clean slate: remove all objects
```

我们 R 代码示例中的第一行将删除在 R 环境中可能已经存在的任何对象。如果是第一次运行该代码,这个步骤就不是必需的,但如果包含该步骤也无不良影响。当开发代码时,可能发现自己会一遍又一遍地重新修改和运行代码集。由于这个原因,在运行新代码之前,需要确保没有不想要的残余变量值或其他对象遗留在 R 环境中。

接下来,我们加载分析需要的所有库。回忆一下,"#"符号表示注释,代码被充分地注释可以提高我们对其行为的理解。

```
# Load libraries
library(tm)  # for text mining functions
library(corrplot)  # for creating plots of correlation matrices
```

tm 软件包中的函数比我们在单个章节中能涉及的函数更多。然而它们都是值得探索的。可以使用以下命令在 R 语言中生成此软件包中所有可用函数的一个完整索引。

```
# See tm package documentation and index of functions
library(help = tm)
```

现在我们可以使用 R 语言的 read.csv 函数从 CSV 文件导入数据。我们将参数 header 设置为 TRUE 值,因为 CSV 文件的第一行包含头信息。下一行代码获取导入的数据并将其转换到文本语料库。corpus 函数从我们指定的列中提取文本数据,在本例中就是 IncidentDescription 列。该函数还包括其他文本挖掘函数所需的元数据,我们稍后将把这些数据应用在分析中。

```
rawData <- read.csv("DefaultWHIDView2.csv", header = TRUE)
```

```
data <- Corpus(VectorSource(rawData[,"IncidentDescription"]))
```

✓文本数据清理

关于这一点，我们准备开始应用数据转换，它将清理文本并将其转换为可分析的格式。这里我们使用 tm 软件包中的各种函数。tm_map 函数将指定的转换映射到文本数据。这个函数允许我们指定一个被嵌套的转换函数。

对 tm_map 函数的第一步使用，就是调用其内部的 stripWhitespace 函数。正如该函数名所暗示的，这种组合将从文本中剥离所有的空格。

tm_map 函数的第二步是调用一个名为 stemDocument 的数据清理函数。这个函数组合将把所有单词都减少到它们的根形式。

例如，单词 reading 和 reads 将被转换为词干 read，它也可以被称为词根。这可以是一个方便的转换，这取决于要分析的目标。然而该转换也会产生一些问题，有时候词干之后的额外字符完全不是多余的，在某些情况下它们可以完全改变一个词的意思。应该尝试使用自己的文本数据，以了解词干提取是如何影响结果的。对于本例的数据，在没有词干提取的情况下，结果显得对大部分内容是有效的。因此词干提取步骤在代码中被注释掉，但是留作参考。

下一行使用 toLower 函数。这也是不言自明的，因为它只是将所有字母变为小写。

在代码中，我们使用 tm 软件包中的 stopWords 函数组合一个停用词列表。请注意参数 english，它指定了英语的停用词列表。此函数也支持其他语言。为得到其他可用的语言参数，可以查阅函数的内置帮助。查看某个函数的帮助信息，可以通过在函数名称前面输入一个问号进行调用，例如"?stopWords"。运行 stopWords 函数返回一个停用词的向量，我们将这个停用词列表赋值给一个名为 stopWords 的变量。在下一行代码中，stopWords 变量用于向内嵌在 tm_map 函数中的 removewords 函数提供一个列表。它将从文本语料库中删除出现在"停用词"列表中的所有单词。（注意语料库只是指"正文"，因此，"文本语料库"与"文本正文"相同。）

代码段的最后两行从文本中删除了所有标点符号和数字。它们分别使用 removePunctuation 和 removeNumbers 函数。

```
# Cleanup text
data2 = tm_map(data, stripWhitespace)
# data2 = tm_map(data2, stemDocument)
data2 = tm_map(data2, tolower)
stopWords = c(stopwords("english"))
data2 = tm_map(data2, removeWords, stopWords)
data2 = tm_map(data2, removePunctuation)
data2 = tm_map(data2, removeNumbers)
```

让我们回顾一个数据清理如何处理我们文本的案例。为此，我们使用 inspect 函数。请注意结果是如何维护单个文档及其索引号的。此处仅显示前两个文档以节省空间。结果也从简要的元数据描述开始。元数据有时被简单地描述为"关于数据的数据"。

```
> inspect(data2[1:5])
A corpus with 5 text documents
The metadata consists of 2 tag - value pairs and a data frame.
Available tags are:
create_date creator
Available variables in the data frame are:
MetaID
[[1]]
department health hospitalsspokeswoman lisa faust said bureau
emergency medical services personnel discovered database breach
unauthorized entry gave hacker access individuals name personal
information including social security numbers dont know whether
hacker able access information faust said computer screen displayed
message hacked faust said since dont know one way sent notices people
s potential information compromised wasc whid note portal login
page httpsemsophdhhlagovemsloginasp looks vulnerable sql injection
[[2]]
boingboingnet popular blog directory wonderful things hacked home
page replaced message containing vulgar language pictures site
pulled administrators shortly attack suspected executed via sql
```

injection techcrunch reports

✓创建一个文献检索词矩阵

既然已经清理了文本，我们准备将其转换为一个单词频率矩阵。我们将使用文献检索词矩阵格式，它会将单词或符号表示为列标题，并将每个文档列为单独的行。每个标记在文档中出现的次数会在行号和标记列标题之间的交集处给出。

使用函数 DocumentTermMatrix 来创建矩阵，并将结果赋值给名为 dtm 的变量。最后，使用 inspect 函数检查前 5 行和前 5 列。注意检查结果是如何给出矩阵元数据的。元数据描述表明没有非稀疏条目。这意味着所有 5 个返回项在所示的 5 个文档中具有零个条目。如果想要查看这些文档的某个返回值，我们需要查看的条目就不止这 5 个。

```
> # Make a word frequency matrix, with documents as rows, and terms as columns
> dtm = DocumentTermMatrix(data2)
> inspect(dtm[1:5,1:5])
A document - term matrix (5 documents, 5 terms)
Non - /sparse entries: 0/25
Sparsity: 100%
Maximal term length: 10
Weighting: term frequency (tf)
Terms
Docs aapl abandoned abc abcnewscom abell
1 0 0 0 0 0
2 0 0 0 0 0
3 0 0 0 0 0
4 0 0 0 0 0
5 0 0 0 0 0
```

✓删除稀疏关键词

许多关键词只出现在几篇文档中，有时甚至只出现在一篇文档中的，这在文本挖掘中是很常见的。这些关键词被称为稀疏条目。在下一个代码示例中，我们将使用函数 removeSparseTerms 从文献检索词矩阵中删除稀疏关键词。此函数有用于设置百分比阈值的参数,高于此稀疏阈值的任何单词将被删除。在本案例中,我们将阈值设为"0.90",即 90％。请注意必须输入小数来表示百分比。你应该尝试使用不同的阈值以查看哪些阈值为你的分析生成了最佳结果。如果阈值设置过高,你的结果可能包含太多孤立的关键词,并且不会揭示任何重要的模式。但是若将阈值设置太低,可能会导致删除具有重要意义的单词。最后我们检查前 5 行和前 5 列,可以看到出现了一些频率数字,由于许多最稀疏关键词已被删除。

```
occurrence
> # Remove and sparse terms a given percentage of sparse (i.e., 0)
occurence
> dtm = removeSparseTerms(dtm, 0.90)
> inspect(dtm[1:5,1:5])
A document－term matrix (5 documents, 5 terms)
Non－/sparse entries: 6/19
Sparsity: 76％
Maximal term length: 6
Weighting: term frequency (tf)
Terms
Docs access attack can data hacked
1 2 0 0 0 1
2 0 1 0 0 1
3 0 0 0 0 0
4 0 2 0 0 0
5 0 1 0 0 0
```

✓带有汇总统计的数据分析

既然数据集已经被清理和转换,并且我们手上有一个文献检索词矩阵,我们准备开始做一些分析。对于进行任意类型的数据分析,你应具有的习惯之一就是查看数据概况。数据概况包含了描述性的统计信息,有助于了解数据。这是一个很棒的方法,对数据进行合理性检查并寻找可能存在的异常。R 语言通过使用名为 summary 的标准函数,可以轻松地获得数据的描述性统计。由该函数生成的描述性统计包括最小值、最大值、平均值和中值，以及 Q1 和 Q3 值。这些值可以真正帮助你了解数据分布的形状。

注意，在 summary 函数中嵌入了 inspect 函数，这是必要的，因为文献检索词矩阵 dtm 使用文本语料库数据。如前所述，文本语料库包括 tm 软件包中多个文本分析函数所需的元数据。inspect 函数将纯频率数据从元数据中分离出来。换句话说，它返回一个数据帧表类型，这是汇总函数所需要的。不管何时，如果想使用标准 R 函数，而不是 tm 软件包中的一个函数，都可能需要以类似的方式使用 inspect 函数，因为大多数标准 R 函数需要一个数据帧格式，而不是文本语料库格式。还要注意，在 inspect 函数中，通过在方括号中指定只希望返回前 3 列，这里用到了 R 语言的索引功能。

结果表明，前 3 个关键词仍然相当稀疏。例如，单词 access 在所有文档中平均出现次数占比为 14%，在单个文档中最多出现 4 次。

```
summary(inspect(dtm[,1:3]))
access attack can
Min. :0.0000 Min. :0.0000 Min. :0.0000
1st Qu. :0.0000 1st Qu. :0.0000 1st Qu. :0.0000
Median:0.0000 Median:0.0000 Median:0.0000
Mean:0.1403 Mean:0.3073 Mean:0.1332
3rd Qu. :0.0000 3rd Qu. :0.0000 3rd Qu. :0.0000
Max. :4.0000 Max. :8.0000 Max. :4.0000
```

✓ 查找共同出现的关键词

在文本分析中我们想做的更常见的一件事，是确定哪些关键词出现得最频繁。tm 软件包中的 findFreqTerms 函数对此有用。此函数具有为最小频率设置阈值的参数。只有那些出现频率至少与此相当或更高的单词才会被函数返回。此示例将阈值设置为 100，因为这会将列表缩减到可在一本书中打印的尺寸。

注意，在这个函数的输出中有一个怪异的单词 ppadditional，这是数据中的异常部分，是原始数据中的一些 HTML 标签进入 CSV 文件导致的。这种情况下，一对段落标签在文本中表示为"<p>"。当你发现这样的异常，你需要确定它是否对你的分析影响足够大，以至于值得花费额外的努力来清理它们。

在本例中正如我们将在后面看到的,这种异常的影响无关紧要且易于发现。

```
> #Find terms that occur at least n times
> findFreqTerms(dtm, 100)
 [1] "attack"      "hacked"      "hacker"     "hackers"
 [5] "information" "informationp" "injection"  "one"
 [9] "ppadditional" "security"    "site"       "sites"
[13] "sql"         "used"        "vulnerability" "web"
[17] "website"
```

✓单词关联

通常我们可能有兴趣知道是否有任何关键词与特定单词主题相关联。换句话说,我们想知道在我们的文档集中有哪些关键词可能与一个给定关键词相关。tm 软件包的 findAssocs 函数可以帮助我们做到这一点。在下面的例子中,给 findAssocs 函数三个参数:①包含了本例中的词检索矩阵或 dtm 的对象;②我们想要找的与关键词相关的词,在本例中是单词 attack;③相关性阈值,也称为 r 值,在本例中是 0.1。没有设置相关性阈值的固有规则,该值被设置得非常低,以便在结果中包含更多相关单词。但是如果文档中有过多关联单词,就可以将此阈值设置得更高来减少该函数返回的字数。这是一个主观的、迭代的过程,它能为你的分析找到所需的平衡。

在该函数的输出中,注意返回的 8 个单词,它们都至少达到了相关性阈值。这些单词各自的相关性值都显示在一个数字向量中。在本例中单词 attack 与单词 injection 最紧密相关。毫无疑问这表明用到了短语 injection attack,它是指将恶意命令注入系统的手段,比如通过 SQL 注入数据库中。注意 sql 是相关性排第 2 位的关键词。接下来的常用关键词是 sites 和 service,这很可能是针对 Web 站点和 Web 服务的 SQL 注入报告。

```
> findAssocs(dtm, "attack", 0.1)
attack
injection 0.30
sql 0.29
sites 0.24
```

```
service 0.23
access 0.16
incident 0.12
new 0.10
web 0.10
```

✓转置关键词矩阵

如果我们选择将矩阵转置为关键词检索矩阵而非文献检索词矩阵，此时看看我们上述单词关联练习的结果是否改变可能是件有趣的事。换句话说，如果列表示文档而非单词，行表示单词而非文档，会怎样？注意，我们将"关键词检索矩阵"的结果矩阵存在一个名为 tdm 的变量中，并将其与"文献检索词矩阵"的结果变量 dtm 进行比较。

运行下面的代码，我们可以看到，在本例中这种转换没有产生什么变化。在此重复所有针对文献检索词矩阵的前述步骤，只有数据被转置了。如果我们有比单词多得多的文档，并且我们希望专注于这些单词，我们可能会发现以这种方式转置我们的矩阵更方便。

```
> inspect(tdm[1:5,1:5])
A term – document matrix (5 terms, 5 documents)
Non – /sparse entries: 0/25
Sparsity: 100 %
Maximal term length: 10
Weighting: term frequency (tf)
Docs
Terms 1 2 3 4 5
aapl 0 0 0 0 0
abandoned 0 0 0 0 0
abc 0 0 0 0 0
abcnewscom 0 0 0 0 0
abell 0 0 0 0 0
>
> tdm = removeSparseTerms(tdm, 0.90)
> inspect(tdm[1:5,1:5])
A term – document matrix (5 terms, 5 documents)
Non – /sparse entries: 6/19
```

```
Sparsity: 76%
Maximal term length: 6
Weighting: term frequency (tf)
Docs
Terms 1 2 3 4 5
access 2 0 0 0 0
attack 0 1 0 2 1
can 0 0 0 0 0
data 0 0 0 0 0
```

从上面结果我们可以看出,与使用原本文献检索词矩阵一样,最相关的关键词以及它们各自的相关性在这个转置矩阵中是完全相同的。

✓时间趋势

我们想看看文本中是否存在跟随时间推移的某种模式。现在把DateOccured(sic)列从字符串格式转换为日期格式,从中可以提取年份和月份元素。在本例中我们将分析关键词 year 的使用趋势。

对于这种转换,我们使用标准 R 函数 as.Date。使用方括号索引来标识日期列并使用 DateOccured(sic)列的实际名称。或者可以为索引使用一个数字而非名称。也就是说,可以将其显示为 rawData [,3],而非 rawData [,"DateOccured"]。另外,索引括号中逗号之前的空白空间表示行索引,这意味着我们要返回所有行。as.Date 函数还需要一个日期格式字符串来指定数据中日期的本机格式。在这种情况下,日期采用数字格式,其中一到两位数字表示月份和日期,四位数字表示年份,每个元素用正斜杠分隔。例如,源数据中的典型日期结构化地显示为,10/12/2010。将格式指定为"%m /%d /%Y",其中带有百分号的小写字母 m 表示单个或双位数月份,同样地%d 表示一天。%Y 中的大写字母 Y 指四位数年份。

一旦日期被转换为一个日期对象,保存在变量 dateVector 中,就可以使用 month 函数从日期向量中提取月份,并且用 year 函数提取年份。

```
> # Convert to date format
> dateVector <- as.Date(rawData[,"DateOccured"], "%m/%d/%Y")
```

```
> mnth <- month(dateVector)
> yr <- year(dateVector)
```

接下来，使用标准的 R 函数 data.frame 创建一个数据帧。把为日期、月份和年份创建的向量添加到文献检索词矩阵中来创建单一表格。请再注意，使用 inspect 函数从文本语料库对象 dtm 中检索数据帧。

```
> dtmAndDates <- data.frame(dateVector, mnth, yr, inspect(dtm))
A document - term matrix (563 documents, 30 terms)
Non - /sparse entries: 3039/13851
Sparsity: 82 %
Maximal term length: 13
Weighting: term frequency (tf)
Terms
Docs access attack can data hacked hacker hackers...
1 2 0 0 0 1 2 0 0 3
2 0 1 0 0 1 0 0 0 0
3 0 0 0 0 0 2 0 0 0
4 0 2 0 0 0 0 0 0 0
...
> head(dtmAndDates)
dateVector mnth yr access attack can data hacked hacker
1 2010 - 09 - 17 9 2010 2 0 0 0 1 2
2 2010 - 10 - 27 10 2010 0 1 0 0 1 0
3 2010 - 10 - 25 10 2010 0 0 0 0 0 2
4 2010 - 10 - 28 10 2010 0 2 0 0 0 0
5 2010 - 10 - 27 10 2010 0 1 0 0 0 0
6 2010 - 10 - 25 10 2010 0 1 2 0 0 0
```

然而，我们可以看到每日甚至每月趋势的结果都相当稀少。因此将以相同的方式创建一个新的数据帧，但数据是按年累积的。这将使我们能够分析关键词的年份趋势。首先我们构建一个数据帧，将创建的 yr 向量与数据检索矩阵 dtm 相连，并将结果数据帧放在一个名为 dtmAndYr 的对象中。

```
> dtmAndYr <- data.frame(yr, inspect(dtm))
A document - term matrix (563 documents, 30 terms)
Non - /sparse entries: 3039/13851
Sparsity: 82 %
```

```
Maximal term length: 13
Weighting: term frequency (tf)
Terms
Docs access attack can data hacked hacker hackers incident...
 1 2 0 0 0 1 2 0 0 3
 2 0 1 0 0 1 0 0 0 0
 3 0 0 0 0 0 2 0 0 0
 4 0 2 0 0 0 0 0 0 0
 5 0 1 0 0 0 0 1 0 0
 ...
```

接下来，我们使用标准 R 函数 aggregate 来对每个字按年的所有频率求和。注意，我们通过在方括号中的列索引位置标示一个 −1，把第一列从 dtmAndYr 数据帧中删除。由于第一列包含了年值，在聚合函数中对其求和是无意义的，所以我们将它从最终结果中删除。但是年份列会被"聚合"函数中的 by 参数使用，因为我们按年份求和。这一点可能是令人困惑的，所以也许我们应该这样重申：我们是按年份求和，而不是求一年的总和。

by 参数通过使用 dtmAndYr 数据帧参考之后的美元符号引用了 yr 列，就像 dtmAndYr $ Yr。这是 R 语言允许引用数据帧中单个列的标准方式。作为选择我们也可以使用方括号索引来引用此列。但我们在这里使用这个方法只是为了展示另一种实现方式。

还要注意 list 函数将 yr 列转换为列表格式，否则它将被提取为数据帧格式。R 语言对于那些不寻常的数据类型是很奇刻的。在本例中聚合函数要求在其 by 参数中引用的变量被格式化为单个列表。

最后，整行两侧的括号用来指令 R 语言显示输出。否则，如果没有括号，输出会被赋值给变量 sumByYear，但不会显示在 R 语言的输出中。这对许多函数都适用，但并非全部。例如它不适用于我们将在下一节中使用的函数 rownames。在那种情况下，我们将简单地在一行上指定变量名来显示输出。

年份结果总和表明，自 WHID 开始收集数据以来，每年的字频率都在上升。这可能是被攻击的报告总数普遍提高的缘故。此处显示的数据将被删减以节约空间。然而可以看出对于几乎所有关键词都存在着相同的模式。但是可以注意到有少数例外。尽管关键词 xss 在这里没有显示，它是跨站点脚本攻击中常见的缩写并在 2006 年达到顶峰，但自那时起出现频率已经大幅下降。这可能是由于网站在最近几年大大强化了他们的代码，以阻止这类攻击。从那时起，跨站点脚本报告中对此类攻击的统计似乎已经减少并趋于稳定。

```
> (sumByYear <- aggregate(dtmAndYr[, -1], by = list(dtmAndYr$yr),sum))
Group.1 access attack can data hacked hacker...xss
1 2001 0 0 0 0 0 0... 0
2 2004 0 0 0 0 0 0... 0
3 2005 2 5 0 5 10 4... 9
4 2006 4 12 8 6 6 9...39
5 2007 8 23 8 17 13 24...14
6 2008 10 27 7 14 22 28...11
7 2009 7 27 21 19 10 26... 9
8 2010 42 79 31 17 64 57...11
...
```

✓ 时间序列趋势的相关性分析

我们可能有兴趣对这些年份趋势做一个相关性分析，看看是否有任意特定的趋势可能是相关的。不能把年份列关联起来，因为它是非数值的，即使那样做也不太有意义。因此将删除年份列，并将年份标签转变为行名称。如果它们只作为行名存在，将使用的相关性函数不会尝试把年份关联起来。

使用 rownames 函数将年份作为行标题附加到数据。请注意，在赋值运算符的左侧不常使用该函数。当 rownames 函数被自身使用或在赋值运算符的右侧被使用时，它返回所有的行名。但当它在赋值运算符的左侧时，rownames 函数将把新的行名称添入表中，就如同该函数在赋值运算符右侧时提供的结果那样。

```
> selTermsByYr <- sumByYear[, -1]
> rownames(selTermsByYr) <- sumByYear[,1]
> selTermsByYr
access attack can data hacked hacker hackers incident...
2001 0 0 0 0 0 0 0 0
2004 0 0 0 0 0 0 0 0
```

```
2005 2 5 0 5 10 4 3 0
2006 4 12 8 6 6 9 7 6
2007 8 23 8 17 13 24 7 16
2008 10 27 7 14 22 28 17 30
2009 7 27 21 19 10 26 18 35
2010 42 79 31 17 64 57 70 10
...
```

现在,可以使用 cor 函数创建一个数据的相关性矩阵。请再次注意两侧括号的使用,这样除了将结果矩阵赋值给 corData 变量之外,还将在 R 窗口中显示输出。

这里显示了相关性矩阵输出的一个小样本。矩阵中的每个值表示相关性系数。值越接近 1.0,说明每个关键词彼此的相关性越大。值越接近 −1.0,说明当某个关键词出现时,另一个关键词不存在的概率往往越高。就如同我们所预期的,对角线上的值为 1.0 表示每个值与其自身完全相关。矩阵是对称的,在对角线相对侧上的值彼此镜像。在这个示例视图中,最高的相关性是 0.98,表明关键词 attack 的趋势与关键词 access 的趋势密切相关。这有可能表示访问攻击增加,例如通过被盗密码、呼叫中心里的社交黑客等。当然需要做进一步的研究来确认这些假设。

```
> (corData <- cor(selTermsByYr))
access attack can data...
access 1.00000000 0.98036383 0.8619558 0.5848456
attack 0.98036383 1.00000000 0.9226145 0.7270269
can 0.86195584 0.92261449 1.0000000 0.7719258
data 0.58484558 0.72702694 0.7719258 1.0000000
...
```

来自趋势相关性分析的完整输出不仅因为太大而不能被本文涵盖,而且即使我们可以在此显示它们,也很难比较所有多关键词的相关性。在有许多相关性需要检查的场景中,将相关性矩阵转换成可视化的图像是有帮助的。

在下面的代码示例中,使用 png 函数来启动 R 语言中的 png 图像设备。然后,运行 corrplot 函数。该函数会生成可视化图像,然后通过刚刚启动的 png 图像设备将此图像转换为一个图片文件。最后,用 dev.off 函数关闭图像设备。

```
png("Figure1.png")
corrplot(corData, method = "ellipse")
dev.off()
```

得到的相关性图表如图 6.1 所示。该相关性图表以两种方式显示出每个相关性的强度：椭圆的宽窄和颜色的浓淡。椭圆越扁，关联的相关性越高。越扁的椭圆，它开始呈现的直线越多，相关性越强。此外，越深的蓝色*表示越强的正相关，越深的粉红色*表示越强的负相关。记住，负相关与不相关不相同。零相关值表示无相关性。接近 −1 的负相关表示强相关，两个变量倾向于彼此相反方向移动。在本例中，负相关性表明若存在某一个关键词，则另一个关键词倾向于不存在。

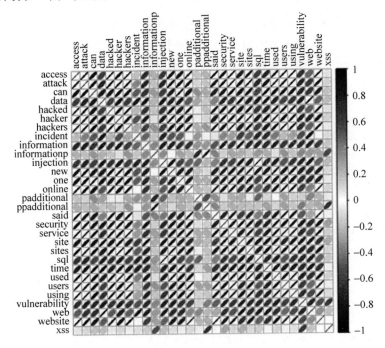

图 6.1　关键词频率趋势的相关性矩阵可视化

＊ 此处提到蓝色与粉色，但原书的插图是黑白的，不能区分颜色，此处照原书翻译——译者注

在图 6.1 中，我们可以看到，一些最强的相关性总是出现在当关键词被一起用在短语中的时候，比如 SQL injection。一个有趣的例子是单词 attack 和 service 之间的强正相关性。随着越来越多地使用 Web 服务，受攻击的目标也在不断增加。让我们看看什么关键词可能与 service 相关联。

```
> #Find associated terms with the term, "service", and a
correlation
of at least r
> findAssocs(dtm, "service", 0.1)
service
attack 0.23
hackers 0.12
online 0.11
using 0.10
```

在此，我们看到通常与 service 相关的关键词包括 hackers、online 和 using，所有都表明遭受过黑客攻击的在线服务的使用。

✓创建关键词字典

有时，把分析聚焦在与分析相关的关键词子集的选择上是有帮助的。这可以通过使用关键词字典来实现。在本例中，将使用 DocumentTermMatrix 函数中的 dictionary 参数。你会记得，这个函数曾用于构建我们最初的文献检索词矩阵。我们将再次使用此函数，但会通过指定仅包括 attack、security、site 和 web 这几个单词的字典参数，来限制词典中关键词的数量。这些关键词是任意选择的。然而，对这些已经用较高稀疏度阈值精简过的数据进行另一种分析（此处未展示），结果这些关键词依然是出现频次最高的。请注意在代码中，使用 list 函数将字典参数转换为列表格式，这类似于在前面的处理步骤中将年份数据帧转换为列表的方式。

```
> #Create a dictionary: a subset of terms
>d = inspect(DocumentTermMatrix(data2, list(dictionary = c("attack",
"security","site","web"))))
A document - term matrix (563 documents, 4 terms)
```

```
Non - /sparse entries: 756/1496
Sparsity: 66%
Maximal term length: 8
Weighting: term frequency (tf)
Terms
Docs attack security site web
1 0 1 0 0
2 1 0 1 0
3 0 0 0 0
4 2 0 1 0
5 1 1 0 0
…
```

可以为这些关键词创建一个相关性矩阵，与我们生成趋势数据相关性矩阵的方法相同。来看下面的输出。在字典集中唯一高度相关的关键词是 web 和 site。当然这两个关键词通常在一起形成短语 web site（网站）。

```
> # Correlation matrix
> cor(d) # correlation matrix of dictionary terms only
attack security site web
attack 1.00000000 0.06779848 0.05464950 0.1011398
security 0.06779848 1.00000000 0.06903378 0.1774329
site 0.05464950 0.06903378 1.00000000 0.5582861
web 0.10113977 0.17743286 0.55828610 1.0000000
```

可以创建一个散点图，来直观地检查任何可能出现的强相关性。有时相关性来自异常，比如极端值。散点图可以帮助我们识别这些情况。并不期望在 web 和 site 的相关性中出现这种情况，但我们将会把这些关键词作为示范。

和之前一样，使用函数 png 将图表保存为 png 图像文件。对于其他图像文件类型（包括 jpg 和 pdf）也有类似函数，它们的操作方式也都是相同的，都需要在创建文件之后用 dev.off 函数关闭设备。

在 plot 函数内，使用另一个名为 jitter 的函数。jitter 函数会把随机噪声添加到每个频率值中，以便我们可以看到每个频率值出现的密度。否则若没有添加抖动噪声，每篇文档中的每个频率值在图上都是一个单独的点。

例如有许多文档的关键词 attack 在其中仅出现过两次，若不添加抖动噪声，所有这些文档看上去都是坐标轴上两个位置上的单个点。添加抖动移动或者使这些点散开就够了，以便我们可以看到有多少文档共享相同的值。

你会注意到 plot 函数变量之间的一个波浪字符。这个波浪也常用于各种回归模型，正如我们将在回归函数中看到的那样，它在图中创建了对角线。在头脑中可以用单词 by 替换掉那个波浪。因此如果试图知道一个变量 x 是否预测到了一个变量 y，可以说 y by x，在函数中写为 y~x，在此我们说 site by web。如果我们用逗号替换波浪号，它会颠倒轴的顺序。这是可以做到的，但结果与我们在回归函数 lm 中使用的变量顺序不一致。更多内容稍后将在 lm 函数中讨论。

我们可以在图 6.2 的散点图中看到，web 和 site 的共同出现确实是相关的，就如同所有点的大致对角线形状表示的那样，从左下角到右上角。我们还可以从抖动中看出，在同一文档内更高频率的同现是相当罕见的，而较低频率的同现却相当普遍。我们还可以看到，在许多情况下，这两个关键词也是各自独立出现的。这些发现并没有让人茅塞顿开，但更重要的是图表中没有显示的内容，即没有出现可能扭曲我们结果的极端值或异常值的证据。

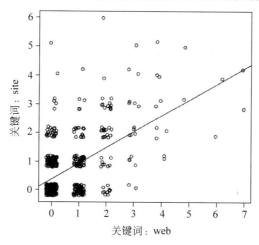

图 6.2　散点图：关键词 web 和 site 频繁同现且几乎没有任何异常迹象的有力证据

lm 函数名表示"线性模型（linear model）"，是在 R 语言中创建回归模型的最常用方法。我们将函数 lm 嵌入到一个名为 abline 的函数中，它将一条线添加到图表中。此处为图表添加了一条回归线，以便能更清楚地展示关键词 web 和 site 之间的正向关系。

```
> # Create a scatterplot comparing "site" and "web"
> png("Figure2.png")
> plot(jitter(d[,"site"])~jitter(d[,"web"]), main = "Scatterplot:'site' vs
'web'", xlab = "term: web", ylab = "term: site")
> abline(lm(d[,"site"]~d[,"web"]))
> dev.off()
```

✓聚类分析

假设我们希望确定哪些上报事件是相关的并将它们组合在一起，这样的分组可能揭示难以发现的模式，这种分析被称为"聚类分析"。两种常见类型的聚类分析是"层次聚类"和 k-means 聚类。

层次聚类对数据进行划分的方法是，查找使数据间差异最大化的分组。k-means 聚类对数据进行划分的方法是，预先定义分组个数（通常称为 k 分组的一个参数）然后将数据分配到这些分组中。k-means 将距离平方的总和最小化，该距离指的是从每个数据元素到每个分组的中心点的距离。

k-means 对于为每个数据元素分配组成员资格值是非常有用的。换句话说，我们可以在数据中创建一个新列，它为每个处于其中的元素提供了组编号。然而 k-means 的一个常见问题是需要预先指定有多少个分组 k。层次聚类可以解决这个问题，并且可以与 k-means 组合使用。一旦我们通过使用层次聚类确定了数据中有多少个聚类分组，就可以执行 k-means 聚类来划分组。虽然也可以使用分层聚类来划分组，但 k-means 对于该过程的计算量更小，因而通常是较大数据集的首选。

以下示例代码使用函数 hclust 生成层次聚类。注意，为了计算数据元素之间的差异，我们使用 hclust 函数中的 dist 函数。hclust 的运行结果存储在变量 hClust 中。然后使用 R 语言的 plot 函数对该变量进行绘图（如图 6.3

所示）。

　　另外你可能已经注意到了，plot 函数会根据它接收到的数据调整其输出和图表类型。在本例中 plot 函数自动获知须绘制树状图中的层次聚类，称为"树状图（dendrogram）"。

```
> #Hierarchical cluster analysis
> png("Figure3.png")
> hClust <- hclust(dist(dtm))
> plot(hClust, labels = FALSE)
> dev.off()
```

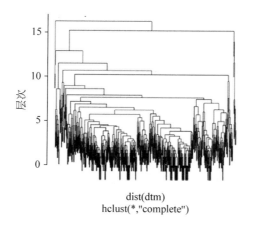

图 6.3　文献索引矩阵树状图

　　可以在图 6.3 的层次聚类结果树状图中看到很多层的分组，用每个分组中相当优秀的代表性数据元素生成了各个分组。我们看到，树顶部的第二层被分成三个分组。最左边的第一分组，如果沿着分叉向下直到终点，是非常稀疏的成员，这些终点称为"叶节点"。每个叶节点涉及单个数据元素或行。第二级右侧的下一个分组，由该级的下一条垂直线表示，有更多的数据元素。然而，第三分组具有迄今为止最多的数据元素。选择使用 3 个聚类似乎在可解释性和组表示之间提供了相对较好的平衡。

　　选择使用多少个聚类是非常主观的，也是一种平衡，既要尝试在每个聚类中获得优质的具有代表性的数据点，又要有足够的聚类能在数据中查找有意义的关系。基本上，太少的聚类可能缺乏有意义的细节，而太多的聚类又可能无法解释。

基于我们的层次聚类分析，我们将为分组 k 选择一个数字，即 k-means 聚类分析中的数字 3。我们对文献检索词矩阵 dtm 使用 kmeans 函数，并把 centers 参数设为 3。然后将结果存储在变量 kmClust 中。可以通过在命令行输入 kmClust 或者使用 print 函数查看存储在 kmClust 中的结果。这两者都是做同样的事情，但有些人认为使用 print 函数在代码中更加明确可读。这一次我们使用 print 函数只是为了演示它。请注意，得到的结果表示每个聚类中有多少成员，所得结果和所用分析方法都与层次聚类不同。然而层次聚类仍然可以为猜测一个合理的 k 值作出一个良好的预估。然而有一个聚类组的成员比其他两个聚类组的成员少得多；尽管它似乎比由分层方法得出的最小聚类组有更多的成员。然而每个聚类组中的代表性数据元素整体看起来都很合理。

由于对实际输出的数据检索矩阵中的每个关键词都给出了聚类平均值，因此仅显示一个输出样本。此外数据中的每个事件行都被分配了一个聚类成员关系值。再者，由于页面的尺寸限制，这里仅显示了一部分成员输出。最后，输出还包括了一些诊断统计数据，关于平方和的适配，以及可以从输出中提取的可用值。有关这些内容的其他细节，请参阅 kmeans 函数的帮助。

```
> kmClust <- kmeans(dtm, centers = 3)
> print(kmClust)
K-means clustering with 3 clusters of sizes 216, 264, 83
Cluster means:
access attack can data hacked...
1 0.07407407 0.1111111 0.06018519 0.15740741 0.1203704
2 0.20454545 0.3977273 0.14393939 0.07954545 0.2727273
3 0.10843373 0.5301205 0.28915663 0.38554217 0.3614458
...
Clustering vector:
1 2 3 4 5 6 7 8 9 10 11 12 13 14...
2 2 2 2 2 2 2 2 2 2 2 2 2 2
```

```
...
Within cluster sum of squares by cluster:
[1] 1194.569 2160.356 1744.482
(between_SS/total_SS = 16.3%)
Available components:
[1] "cluster" "centers" "totss" "withinss" "tot.withinss"
[6] "betweenss" "size"
```

现在可以将聚类成员作为附加值添加到我们的数据检索矩阵中。下面的示例代码创建了一个新的数据帧,通过从存储在我们创建的 kmClust 对象的聚类结果中调用 cluster 组件,把 dtm 数据检索矩阵与聚类成员组合在一起。请注意我们是如何使用 R 语言中的美元符号 $ 从输出的可用组件列表中调用特定组件的。另外,可用组件列表显示在我们已经讨论过的前一个 k-means 输出的结尾处,可以在该列表中看到"cluster"。

```
> # Assign cluster membership to the original data
> dtmWithClust <- data.frame(inspect(dtm), kmClust$cluster)
```

现在我们可以打印出刚刚创建的 dtmWithClust 数据帧对象,看看包含聚类成员的额外的最后一列是如何被添加的。在本例中,前 5 个文档都属于聚类组号 3。

```
> print(dtmWithClust)
Docs access attack can data hacked...kmClust.cluster
1 2 0 0 0 1...3
2 0 1 0 0 1...3
3 0 0 0 0 0...3
4 0 2 0 0 0...3
5 0 1 0 0 0...3
...
```

我们可以使用已分配的聚类成员信息构建一个预测模型,对输入到 Web 攻击信息数据库中的新攻击报告进行分类。当然,我们可能想知道如何归纳总结有助于定义每个聚类的特征。用我们文献检索词矩阵中的每个词去表示一个预测变量可能是一个挑战。在这方面可行的方法包括使用 rpart 函数或 randomForests 函数的决策树分类分析。randomForests 函数组合了许多决策树分类器的结果，此函数在 randomForest 软件包中。对决策树分析的详细讨论进入了另一个数据挖掘领域，超出了本章的范围。尽管如此，我们在下面展示一个随机森林的例子。

在运行此示例之前，需要确保已安装了 randomForest 软件包并且已初始化库。首先显示这些步骤。注意，在 randomForest 函数中指定模型时我们使用带着句点的波浪号，可以把波浪号读成 by，把句点读成"所有其他变量"。因此，"kmClust. cluster～. "的模型设定可以读成"通过所有其他变量对聚类变量进行分类"。"importance = TRUE"参数指定输出一张包含所有预测变量及其作为分类器相对重要性的列表。本例中的输出显示了所有单词，连同每个单词相对重要性的统计数据。数值越大，表明该单词在表征聚类组中的每个事件时就越重要。

```
> install.packages("randomForest", dependencies = TRUE)
…
> library("randomForest")
…
> rfClust < - randomForest ( kmClust. cluster ～., data = dtmWithClust,
importance = TRUE, proximity = TRUE)
Warning message:
In randomForest.default(m, y, …):
The response has five or fewer unique values. Are you sure you want
to do regression?
> print(rfClust)
Call:
randomForest(formula = kmClust. cluster～., data = dtmWithClust, importance
= TRUE, proximity = TRUE)
Type of random forest: regression
Number of trees: 500
No. of variables tried at each split: 10
Mean of squared residuals: 0.05231353
% Var explained: 90.23
> importance(rfClust)
% IncMSE IncNodePurity
access 5.21554027 2.1754015
attack 0.73614019 2.2021336
can - 0.43914970 1.2053006
```

```
data 2.12488252 1.3255387
hacked - 2.22153755 3.0291678
hacker 0.59934964 2.1058682
hackers - 0.69140487 1.4719546
incident 9.35312755 6.7942922
information 0.92171115 1.9432987
informationp 1.10089894 1.3157080
injection 0.98117200 1.4235802
new 1.89448271 2.0425851
one - 1.38418946 1.8823775
online 1.13857428 0.9484073
padditional 1.87159685 0.7986896
ppadditional 2.35617800 0.9213330
said 7.12029542 1.8712096
security - 0.84890151 2.2249081
service - 2.18474469 0.4115085
site 101.31981296 144.1131055
sites 5.38968388 5.5126839
sql 1.97680424 2.0980965
time 0.05651688 2.7443020
used - 1.26504782 1.3189609
users - 2.15274360 0.9221132
using 0.67911496 2.0038781
vulnerability - 0.42220017 1.5492946
web 60.89116556 92.5641831
Website 4.98273660 1.4276663
xss 4.11442275 1.6486677
```

▌其他适用的安全领域和场景

我们使用了相当通用的数据，这些相同的技术可以应用于各种安全场景。很难获得与真实安全漏洞相关的实际数据，因为这样的数据集往往是专有的，公司领导人一般也不乐意向公众发布他们的数据。这些专有数据集通常包含可能难以完全删除的个人身份信息；它们还会暴露公司网络安全防御中的弱点，这可能被其他攻击者利用。本章使用的数据并不能像真实且详细的企业数据那样展现出 R 语言文本分析工具的完整功能。

然而，希望这里提供的分析足以唤起读者的思考，并且使用自己的创造力去研究如何把这些方法用于自己的数据。以下是几个值得考虑的建议，希望它们是激发读者更多创造力的催化剂。

▶ 文本挖掘的其他安全场景

大多数呼叫中心都会记录他们与客户的电话内容。这些内容可以提供浏览路径记录（breadcrumb trail）甚至于社交黑客使用的模式和技术。社交工程包括哄骗人们透露像用户名、密码、账号和信用卡信息这类与安全相关的信息，通常是虚假冒充合法的利益相关者。可以通过使用自动语音听写软件，例如 Python 中的 Dragonfly 软件包（http：//code. google. com/p/dragonfly/），把这些录音批量转换成文本。有一些呼叫中心会使用聊天会话或电子邮件而非电话呼叫，在这种情况下语音文本转换就没必要了。每次呼叫转换生成一篇文档，文本挖掘技术可从这些生成的文本文件中发现模式。除了应用与本章讨论过的相同的处理过程，还可能得到呼叫中心员工在数据库中对每个看起来可疑的呼叫所做的标记。可以用本章中讨论的决策树来查找单词的一些组合，它们可能预测出呼叫者的欺骗意图概率很高。即使呼叫者用不同的号码打电话，这是社交工程中常见的技术，他们使用的单词模式也可能会出卖他们。

文本挖掘的另一个潜在用途是用于日志文件，例如来自网络路由器或服务器日志，或者像我们在第 3 章中分析的那些日志文件（在第 3 章中我们用更直接的方法去查找潜在的安全漏洞和潜在的恶意活动）。文本挖掘技术也可以应用于日志数据，例如用户、代理或引用字段。这可以发现或许被掩盖的模式。例如，一个引用可能会使用好几种从中提取请求的 url 的变体，用一个直接查询将很难抓取到，然而对单词频率的聚类分析可以在众多用过的 url 中发现它们足够多的相似点，可以发现这些 url 是相关联的。

公司电子邮件包含了非常大量的非结构化文本集合。大多数公司都有筛选及识别垃圾邮件的软件。然而找到能识别网络钓鱼攻击的系统却比较困难。文本挖掘可用于在网络钓鱼攻击电子邮件中寻找模式，并且可以使用预测模型来识别那些网络钓鱼攻击概率较高的新邮件。预测模型可以包含这里讨论过的决策树，或者许多其他多种多样的预测建模算法，它们已超出本章讨论范围。一旦确定了潜在的新的网络钓鱼攻击威胁，就能以此作为一个培训措施向员工发出警告，并且把发件人安排在监视列表上。如果由算法识别出的可疑邮件发送者后来被验证为实际的攻击者，就可以将他们放入阻止列表中，以防止更进一步的电子邮件通过。当然也有办法克服这种防护措施，比如利用从多个账户发送邮件的机器人。总之要时刻保持警惕。

▶ 文本挖掘和大数据

当被分析的数据集变得太大而不能由 R 语言这样的分析工具处理时，还有多种技术可以使用。一些技术通过聚合把大数据转换为尺寸较小的数据，以更利于 R 语言、Hadoop 和 MapReduce 这样的分析工具进行处理，我们在第 3 章对它们讨论过，使用方法也类似，通过把大量数据聚合成小得多的时间序列，然后在 R 语言中像对电子表格那样分析这些序列。

类似的聚合和数据大小裁减技术可以用于文本挖掘，但需要一种标记数据的方法。也就是说，需要某种方法来隔离每个出现的单词，并将其与每篇文档的出现频率进行配对。我们讨论了 Hive 作为使用熟知的类 SQL 代码来聚合数据的方法。Hive 恰好还有几个内置的标记数据的函数。对于停用词表的基本应用和单词频率的计算，Hive 中的 ngram 函数非常有用。该函数还具有仅选择出现频率高于阈值的单词，以及进一步裁减数据尺寸的能力。标记字符串的另一个有趣的 Hive 函数是 context_ngrams，它对句子上下文中的数据进行标记。比如，你可能只想找到含有 username 和 password 的句子的上下文中出现的单词。如果你想了解更多关于这些函数的使用信息和示例，建议查看像 Apache wiki 这样的在线资源：https://cwiki.apache.org/confluence/display/Hive/StatisticsAndDataMining。

一旦数据被标记并且被裁减到更易管理的尺寸，以前讨论过的分析方法就可以在 R 语言中使用。R 语言有大量的分析软件包和各种类型的函数，包括我们在此没有涉及的用于文本挖掘的其他方法。所以如果可以的话，尝试并且更多地用 R 语言进行你的分析是有意义的。

或者，除了通过聚合和裁减数据尺寸之外，另一种处理大数据的方法是使用并行处理来执行分析算法。有很多方法可以做到这一点，虽然其中许多方法可能会给你的进程和代码增加显著的额外的复杂度。位于 http://www.cran.r-project.org 的 CRAN R 网站针对利用 R 语言进行并行处理有一整页来列举和描述相应的软件包。可以通过单击 CRAN R 网站左侧的 Task Views 链接找到该页面，然后选择 HighPerformanceComputing 链接。除了在多处理器上运行 R 语言的软件包，如 multicore 和 snow，还有一些软件包可以在 Hadoop、MapReduce 架构中运行 R 语言任务，如 HadoopStreaming，以及 Revolution Analytics 的 rmr 包。然而在进一步研究大数据技术之前，你应确保理解本章示例中提供的基本文本挖掘概念。

第7章

安全情报以及后续措施

本章指南：

- 概述
- 安全情报
  - 基本的安全情报分析
  - 安全情报的商业扩展
- 安全漏洞
- 实际应用
  - 内部威胁
  - 资源调整
  - 风险管理
  - 挑战
    - 数据
    - 设备和人员的整合
    - 误警
- 结束语

▋ 概述

在前面的章节中我们概述了安全分析过程的数据和分析步骤。在本章中我们将解释如何开发安全情报，以便增强你的安全响应情势。有关安全分析过程，请参见图 7.1。本章的目标是提供应用本书讨论内容的知识，以及解决组织机构中实施安全分析的后续步骤。

图 7.1 安全分析过程

▋ 安全情报

我们希望开发安全情报，以便我们能够准确及时地做出应对威胁的决策。虽然安全情报看起来像是人们在谈论使用安全分析时的最新流行行话，但究竟什么是安全情报还没有明确的定义。因此让我们从讨论信息和情报之间的差别开始。信息是原始数据（将其视为你的日志文件），而情报是被分析和提炼过的材料（将其视为查看日志文件并从中发现异常后的成果）。情报通过帮助用户制定决策以及降低安全风险，为用户提供采取行动的方法。换句话说，情报是经过处理的信息，能协助你处理威胁。通过利用本书讨论的工具生成安全情报，用户将为更好地应对针对组织的威胁做好准备。

▶ 基本的安全情报分析

安全情报特别重要，因为专家发现即使在日志文件中有入侵证据，在第三方告知之前公司也未能识别出安全漏洞。我们都知道，查看收集到的每个日志文件是不可能的，但通过安全分析，你能够设置工具来帮助识别并为各种安全措施排定优先级。虽然可能仍须处理历史数据,但可以通过快速将原始数据转换为安全情报来优化对事件的响应时间。

一旦有了安全情报,则有两个选择:采取行动或不采取行动。你可能会认为最显然的选择是采取行动来处置威胁,但安全情报往往很棘手,因为事情并不总是像我们想要的那样"清晰"。有时你的情报对于识别安全事件证据确凿。例如,在你发现了"两个并发虚拟专用网(VPN)登录"或"来自该国不同地区的两个 VPN 登录"的情况下,你很可能会打电话给该员工并询问可疑登录。在最好情况下,员工可能有从两个不同 IP 地址登录完全正当的理由。在最坏情况下,员工的登录凭证已经泄漏。无论哪种方式你都可以快速降低潜在威胁(未经授权的访问)。

其他时候,你发现的情报只是一个征兆,表明有一个你还没弄清楚的更大事件而已。例如,你识别的情报可能表明一个仍处于侦察阶段的黑客,正向网络端口发送探测数据包以观察响应。它往往可能只是一个不明原因的异常或你找不到答案的误警。这就是情报领域工作的性质——你永远无法彻底见到威胁的执行者或他们的行动,但依然必须竭尽所能地保护你的组织机构。

安全情报通常用于解释性分析(或回顾性分析),来确定在安全事件期间发生的情况,以便采取措施减少威胁。探索性分析对于增强组织的防御是非常有价值的,安全情报的最终目标是能够进行预测分析:去猜测攻击者将做什么,以便可以采取对策阻止攻击者。预测分析在实时事件中似乎更为重要,例如正在进行的分布式拒绝服务(DDOS)或实时入侵。可是它也与处理日常情况有关:通过了解你的环境和操作基准,就能够识别出自己的优势和弱点,这将有助于你制定响应策略。

对每一个威胁都进行防御是不可能的,所以解决这个问题的一个方法是了解你所在组织的全貌以及你掌握情报的空白点,空白点指的是那些你缺乏与威胁相关的信息的领域。通过了解所掌握情报的空白点,你就能够集中精力弥补它们,同时设置早期报警传感器。这些传感器通常是包含供应商解决方案(如安全信息和事件管理)和本书讨论过的安全分析技术的工具组合。

此外你能够处置内部的安全空白点。例如，假设你知道防病毒（AV）软件供应商的产品不如你期望的那么强大，但你的预算又无法购买更好的产品。当意识到这是你所掌握情报的空白点之一，你可以更加警惕地查看日志和被隔离的电子邮件。你也可能通过其他方式（增加安全教育或频繁的系统测试）寻找信息来弥补这种缺陷。

随着对组织安全情报的不断开发，你会对组织遭受到的威胁全貌有更好的了解，并对自己对威胁做出反应的能力产生更大的信心。一旦开始使用安全情报，你的思维就会从"对事件做出反应"转变为"有条不紊地处置头号威胁"。本节的目标是让你开始思考如何能让安全情报提高整体的效力和生产力。让本节涵盖情报分析的所有方面是不可能的，但我们希望能让你对情报分析是如何工作以及它能如何帮助你有一个基本的了解。如果你有兴趣了解关于此话题的更多内容，通过在网上搜索"安全情报分析"或者"情报分析"你会发现相关资源。

▷ 安全情报分析的业务扩展

毫无疑问，你的组织机构已经对不同的业务流程（营销、会计、运营、网络管理等）收集数据。然而大多数组织机构使用来自其数据库的标准分析方法（如电子表格）进行数据分析，因此他们还没有利用分析的力量。

我们为你提供了对现有安全数据进行分析的知识，通过使用功能强大的开源软件工具来检查结构化和非结构化数据，从而为安全决策提取情报。如果你将此扩展到组织机构的所有业务流程，你就能以从未想象过的方式检查数据。你将能够实时地做到这一点，从而做出主动的业务决策，而不仅仅是使用历史数据去做被动决策。事实上，只有当你能跨部门采集数据来生成预测性安全情报时，分析的真正威力才被实现。我们涵盖的技术也能应用于组织机构的任何业务流程——只是为了扩展你的技能，并将合适的技术用于正确的数据集。

▌安全漏洞

当你开始检查数据时，不可避免地就会发现安全事件；因此，如果我们已经识别出了一个安全事件却没有采取针对措施，我们就失职了。如果你的组织机构有安全事件响应策略的预案，你自然会遵循这些流程。对于那些没有制定好政策或流程的人，我们鼓励你开始制订一个计划，用以处置事件响应的关键阶段：准备、通知、分析、缓解和恢复。作为起点，有很多安全策略样例，你可以在网上通过搜索"安全策略模板"或特定类型的安全策略（信息安全、网络安全、移动安全等）找到它们。

根据入侵的严重程度，你可能需要考虑雇用法律和/或入侵响应专家来辅助你进行安全漏洞调查，并确定防止未来的入侵的程序。你还可能被法定强制要求向联邦或州政府机构和/或风险管理部门报告入侵事件，这将取决于受损数据的类型（知识产权、个人识别信息等）。此外，你可能需要寻求法律顾问来确定是否需要向执法机构报告。我们鼓励你现在就制定这些流程，并进行"桌面"（例如，演练）练习，以便在发生事故时，你能够快速响应。

▌实际应用

▶ 内部威胁

当我们审视安全时，我们通常关注来自组织机构外部的威胁而非来自内部的，因为威胁来自外部的可能性似乎大于来自内部的。然而尽管发生的可能性比较小，相比外部威胁，内部人员却常常对公司造成更大的伤害，因为内部人员知道你是如何运营管理的，也知道你在哪里保存重要信息。因此让我们从检查内部威胁的场景开始。

一家小型初创公司的拥有者们发现他们的几个程序员同时离开了公

司,这很奇怪。当公司的管理人员"风闻"这些人去了竞争对手那里工作时,他们开始询问有关公司知识产权是否被盗的问题,因为这些程序员正在负责公司产品的关键部分。由于这是一家小公司,管理层中没有安全人员,所以他们期望 IT 人员检查问题并寻找证据。IT 人员检查的第一个领域是员工的电子邮件。检查人员通过电子邮件能够拼凑出那些离职员工曾经联合协作同时还打算窃取他们在这家公司开发的代码的事实。这些电子邮件是公司为了保护数据而保存到外部存储设备上的关键证据。该公司制作了一个副本,以便他们可以审查数据。

一旦电子邮件被保存,就可以使用本书涵盖的文本挖掘技术来查看是否可以识别那些并不明显的模式,例如卷入源代码盗窃中的其他同伙,以及他们何时发起了代码窃取计划。还可能找到或许会促使你扩大调查范围的其他线索。例如我们案例中的前员工,即使已经离开了该公司,他们还在继续与公司现任雇员联系。该公司能够识别前员工的个人邮件账户,因为他们在离职之前将电子邮件转发给了自己。通过这些邮件账户,公司能够确定他们仍然在向现任员工发送邮件。有一名还没有离开公司的现任员工,参与了源代码盗窃,并仍然在向前员工提供有关该公司如何知道盗窃事件的详情,以及内部人员的信息。

为了扩展这种情况,也为了展示更多的应用程序,我们假设你能够确定某前员工在特定日期将源代码下载到可移动 USB 设备上。执法机构需要从你的组织机构获得哪些类型的安全数据? 首先,用于下载数据的系统常常会留有 USB 设备接入的重要证据,还会包含注册表项中的设定值(链接文件、连接到系统的 USB 可移动设备、时间线信息等)。其次,显示该雇员在建筑物中实际出现过会有利于你报案。要检查的其他领域还包括员工访问日志(建筑物进入、停车场进入、计算机登录等)。如果你足够幸运,有到你建筑物的物理访问日志数据,你可以对员工的行为模式进行安全分析来识别异常——这或许能表明犯罪活动是何时开始的。虽然视频监控数据将提供额外证据来支持你的案件,但是目前的视频分析技术还不够发达——可以处理来自多个视频的大量数据,并且能够进行面部精确识别的强大工具仍然还在开发之中。

在我们将讨论的内部人员威胁场景中,最后要考虑的是员工辞职后未经授权的访问,这通常都会被忽略因为公司并没有预料这种事情会发生。有时,公司的 IT 部门可能不会立即删除离职员工对系统的访问权限,从而为员工提供了返回公司的途径。或者假如前员工曾经管理过 IT 网络或者技术精湛,就可能留下员工可以访问公司系统的后门。为什么检查这些区域很重要?除了它对组织机构构成了威胁这明显的一点,如果你可以证明员工在已经离职的情况下仍然访问了公司的系统,那你就可以揭露另一种形式的犯罪活动——未经授权的访问。在网上搜索"减少内部威胁"会为你提供额外资源和想法来更好地保护你的组织机构。

最后,你还必须考虑雇员的登录凭证被盗的情况。你是否应该打电话给那位同事,开始问些问题,还是应该向管理层报告?这个例子强调了制定事件响应计划的重要性——它帮助你了解要采取什么步骤,以及何时让管理层介入。根据你组织机构的政策和管理决策,后续步骤可以包括以下任何措施:咨询法律顾问或人力资源人员、与员工面谈或通知你的董事会。无为也是行动——你的公司可能选择不做任何事情,这在更小的组织机构中很常见。在确定员工是否有任何不当行为后,你的管理层也可以选择采取刑事介入和/或民事诉讼。

▶ 资源调整

告诉你的管理层安全事件的数量正在增加,或者向你的管理层展示一个模拟工具描绘某段时间内的入侵企图,这两者之间是有很大区别的。在前一个例子中,你的管理层可能无法领会威胁的意义或对你组织的影响。在后一个例子中,你的管理层可以看到攻击尝试的快速增加,并更好地理解威胁的影响范围。通常情况下管理层无法理解安全事件的影响,因为它们似乎远离日常业务流程。因此他们只是在事件发生时才考虑安全问题,因为他们希望用户能保护好组织机构。通过为用户提供将数据转换为易于理解的安全情报的方法,安全分析可以帮助你提高管理层的安全意识,从而将安全信息提升至他们能够理解的水平。

安全分析还可以提供支持让你对安全资源进行调整。通过使用本书所涵盖的技术,可以支持你对资源的索求,用以支持你的各项安全措施。例如,如果你想证明购买新入侵检测系统的合理性,可以通过首先展示你们组织机构中网络威胁增长的统计信息来达到目的。结合识别当前系统未识别的内容(情报空白点),以及模拟未识别威胁会把你的安全问题转化为商业问题而产生的影响。即使与商业利益有所抵触,你的管理层还是会更倾向于为安全支持系统付费,因为你能够展现出令人信服的需求。最重要的是,你能够解释这种令人信服的需求是如何影响组织的利润和/或生产力的。你还可以使用此技术证明聘用更多安全技术人员和更改内部业务和/或策略的合理性。

▶ 风险管理

使用安全分析的一个重要问题是收集和使用敏感数据。无论制定什么策略,总是存在无意中暴露敏感数据的风险。我们根本不能为每种安全响应都做好准备,因为恶意攻击的威胁在持续增加。此外,允许在工作场所使用"个人设备"(也称为自带设备(BYOD))的趋势造就了更复杂的风险管理处境,因为敏感数据现在可以驻留在这些设备上。随着与合作伙伴和供应商共享分析数据以增加协作和创新的趋势不断上升,风险也会进一步增加,因为此时敏感数据驻留在你组织机构之外。

收集大量含有个人、财务或医疗敏感信息数据的能力,对使用数据分析提出了更高的社会责任要求。无论数据驻留在哪里(在云中或在组织机构内),安全技术从业者都应该敏锐地意识到与数据重用、共享和所有权相关的风险。因此你需要了解正在处理的数据类型,这样你就可以通过信息管理和组织策略采取恰当的步骤来保护数据。此外,如果你与其他个人合作处理数据,他们应该接受关于如何保护数据和正确使用数据的道德规范的培训。

保护数据的一种方式是在执行分析过程之前或之后使用数据匿名工具。你可以通过使用第 5 章中提供的技术，通过使用脚本将关注的数据转换为匿名数据来执行此操作。此外一旦你的组织机构确定需要执法机构介入或进行民事诉讼，你可能有责任提供支持该事件的证据。在披露信息之前，你应该查看数据中是否有任何敏感信息，诸如个人身份信息、财务数据（例如信用卡和银行账户）、受到 HIPAA(Health Insurance Portability and Accountability Act)法案和 Gramm-Leach-Bliley 法案保护的数据以及知识产权。你的法律顾问能为你提供其他需要特殊保护数据的详细信息。

▶▶ 挑战

我们意识到使用安全分析有很多挑战，因为该领域仍在不断演进，人们仍在试图找出如何在组织机构中有效地实施这些技术。如果你正在读这本书，你很可能不考虑使用供应商的产品进行安全分析；因此你可能正考虑在组织机构内部实施安全分析相关的逻辑。

✓数据

当涉及数据时，你应该考虑两个方面的问题：识别"正确的"数据和对数据标准化。首先，你需要检查在组织机构内部收集到的安全相关数据。大多数人在提到收集安全数据时会想到网络、邮件和防火墙日志；然而，其他外围日志文件（例如，建筑物进入、电话和 VPN 日志）也是相关的。作为安全技术从业者你需要评估收集到的数据是否与你所要达到的目的相关。安全技术从业者如果没有收集到"正确的"数据，无论使用何种类型的安全分析工具都无法生成有操作性的情报。

确定哪些日志对组织机构很重要的一种方法是，从攻击者的角度查看网络中必须被保护的内容（组织机构的"皇冠上的明珠"）。例如，银行的"皇冠上的明珠"就是客户和银行的财务数据，软件公司的"皇冠上的明珠"就是源代码。访问"皇冠上的明珠"的一种方式是通过后台服务器，它可以经由雇员的台式计算机通过电子邮件访问。访问"皇冠上的明珠"的另一种方式是通过隔离区中的 Web 服务器，访问防火墙后面的数据库，再进入到后台服务器。因此，与访问"皇冠上的明珠"相关的所有过程都应被视为你的关键日志文件。应该使用安全分析来收集和分析这些日志文件。

既然你有了"正确的"数据，在将数据转换为安全情报之前你需要将其标准化。标准化技术用于将数据分派到逻辑分组并使数据冗余最小化。不过从另一方面来看，也有可能需要对数据结构进行非标准化以实现更快的查询，但非标准化的缺点是将存在数据冗余同时损失灵活性。为了标准化或非标准化数据，你可以使用 Hadoop 和 MapReduce 工具，但这需要编写一个程序。在网上搜索标准化或非标准化技术或程序将为你提供更深入的信息。

本书中我们强调了对数据使用安全分析的必要性，以便你了解组织机构的基准。例如，你的基准可能包括通过 VPN 从菲律宾登录的 IP 地址，因为你的公司将特定功能的开发外包给那里的公司。此基准可能会触发对来自菲律宾的 VPN 进行更多监控（因为你感觉对于你的网络来说这个有较高的风险），或者也可能使你将资源导向其他威胁区域，因为你确信这些登录威胁较低。

✓设备和人员的整合

在进行安全分析时，有必要将数据仓库集成到现有架构中。这不是一个容易的任务，因为从不同来源收集数据并通过提取、转换和加载过程将数据集成到数据仓库的过程中有许多需要注意的事项。尽管设计数据仓库超出了本书的范围，但我们仍列出了几个需要考虑的问题作为起点：

- 数据仓库是否包含 SQL 或 NoSQL 数据库？
- 数据是驻留在云中还是在组织机构的网络中？
- 保护数据涉及什么风险？
- 你有足够的存储容量吗？

- 你有强大的服务器吗？数据的所在位置会如何影响服务器性能？
- 你将使用什么类型的架构模型(星形、雪花形等)？

安全分析工具将帮助你生成安全信息,但你需要技能熟练的人对信息进行解释并将其转换为安全情报。然而由于网络安全从业人员和专业分析人员的严重缺乏,这种趋势在可预见的未来仍将继续。即使你正在为一个有资源聘用安全分析人员的大型组织机构工作,为你的团队配备有经验的人员也是很困难的,你很可能需要培训他们以使其逐渐进入安全分析的角色。

▶ 误警

当你开始使用安全分析时,可能会注意到高误警率,或者没有看到自己认为会看到的结果。你可能需要调整策略来适配你的数据。例如,假设你查看终端用户域名服务器(DNS)查询信息,以确定已经侵入系统的黑客可能的恶意活动。你想这样做是因为怀疑网络中可能存在高级的持续性的威胁。因此你搜寻证据以证明 DNS 操作被用于隐藏远程服务器 IP 地址或被用于遮掩数据泄露通道。进行此种分析的假设是,与正常用户的平均 DNS 查询率相比,攻击者有更高的 DNS 查询率。你会发现初步分析产生了很多误警。如果你改变策略,通过查看二级域名,删除国际化域名或使用公共后缀列表(也称为有效顶级域名列表),你会获得较好的结果。

调整策略后你也可能会进入另一种境地,就是仍然没有发现任何安全事件。此时需要你用"不同的镜头"来审视你的结果,以此在已经找到的结果中搜索有意义的信息。回到 DNS 查找场景,也许即使已经改变了策略,你依然无法找出恶意 DNS 查询。让我们看看你有什么——你组织机构的 DNS 查询列表,这是一段时间内的基准。正如我们之前强调的,这些信息在安全方面非常重要——在你能检测到异常之前你必须知道组织的基准。此外由于你还识别了 DNS 查询,你就可以根据域观察列表运行这些域名,来确认有没有可疑的查询。我们想强调的是,最初看起来可能是一个死胡同,但实际上却是机会——你组织机构的安全情报或你的威胁环境。一旦你发现了对组织机构的重要安全情报，你就可以通过自动执行这些任务来帮助你保护组织机构。这就是安全分析的魅力。

▌结束语

本书的目标是阐明安全技术从业者如何利用开源技术在工作中实施安全分析。我们相信你已经在使用本书介绍的技术通过自己的方式出色地开发组织机构的安全情报了。最重要的是我们鼓励使用安全分析来提高组织机构的整体安全性，从而降低风险和安全漏洞。虽然可能发现自己最初使用安全分析只是为了完成特定的任务（比如，降低企业成本以及识别异常情况），但随着分析技术水平的不断提高，我们相信你会看到该技术在更多领域中的应用。当你开始在组织机构中实施安全分析时，你在提高安全性方面的努力将更加突显。你将实现一个主动安全模型，而不是使用传统的、被动安全模型。特别指出的是，安全分析应该有助于开发你的安全情报。

学习本书提供的工具是你安全分析之旅的起点。我们已经给了你几种技术来充实你的工具包，但我们仍希望你能继续扩大你的知识面。由于安全分析是一个快速发展的领域，你确实不会缺少可供学习的专有或开源技术。事实上开源技术很可能超越专用软件！

我们挑战你是否能"打破思维定势"，并在组织机构中寻找集成安全分析解决方案的方法。应用这些技术的可能性是无穷的。更重要的是，你将为组织机构提供增值情报来回答那些从不知道可以通过使用你组织机构已经收集的数据来回答的问题。

我们确信这些安全分析工具是非常有效的。我们也相信如果有更多的组织机构能利用这些开源工具，在安全活动发生时就能及时发现而不是在事后做出响应，那么他们将为保护其组织机构进一步地做好准备。祝你一路好运！